U0363328

茶道生活

姚华 著

曾力竞 译

陕西新华出版传媒集团
陕西人民出版社

图书在版编目（CIP）数据

茶道生活 / 姚华著；曾力竞译.—西安：陕西人民出版社，2012（2015.9重印）
ISBN 978-7-224-10395-3

Ⅰ.①茶… Ⅱ.①姚… ②曾… Ⅲ.①茶叶－文化－中国 Ⅳ.①TS971

中国版本图书馆CIP数据核字（2012）第263356号

整体制作：潘雅倩 谢廷坤 王 禹 周红燕 黄 静 王 敏
周 艺 白 璐 房敏娟

茶道生活

作　　者：姚　华
译　　者：曾力竞

出版发行：陕西新华出版传媒集团　陕西人民出版社
地　　址：西安北大街147号　邮编：710003
印　　刷：陕西金和印务有限公司
开　　本：787mmx1092mm　16开　12.25印张
字　　数：136千字
版　　次：2012年6月第1版　2015年8月第2次印刷
书　　号：ISBN 978-7-224-10395-3
定　　价：80.00元

QIANYAN 前言

茶杯有香，茶壶有韵，茶道有无。喝了很多年的茶，向外寻觅沉淀“三段四层”，向内体悟“一心一味”心性本然。内外圆融，我们的生活艺术化了，艺术生活化了，人生的智慧浸润生命，智慧的人生担纲着责任，丰富着生命以为己任。起起伏伏的茶叶舞动着我们的四季如春，十年来我们所做的茶艺培训与鉴定让茶技茶艺茶道融为一体，于是有了《茶道生活》，它传达一种理念：喝好每杯茶，做实每件事。用平常心做好当下每一件事会让社会更加繁荣，安定心灵的每一个起心动念会让自己平和，让世界和谐。

脚踏实地走在茶道上，冷暖自知。我们从两千余幅照片中选出上百张记录自己的茶生活，不专业却朴素真实。这是当今社会生活稀缺的资源，感觉的真实才是人类快乐的源泉。将生活当做一次艺术创造，精心地用自己所有的力量去完成它，当下这一天就是生活中完美的一天，当下这一念就是生命中唯一的真实一念。

艺术地生活。艺术创作的灵感来自生活。主题茶艺的提炼，生活茶席的创设，将每一杯茶都以平和的心态来饮的时候，生活自然会散发出艺术的魅力，用茶香让更多的人关注艺术、体验艺术、感受艺术。

正如于丹所言，此时此刻，“它是你入世心境最好的引发和增补”。

生活得智慧。静心泡出的茶汤浇灌着每一个成长的生命，让每一个人得到自己独一无二的认同感，创造性地表达自己，用心去体会生活的乐趣，寻找生活的意义和目标；茶性灵秀鲜活丰满，本真自如地引导我们的人生充满智慧的光芒。

智慧地生活。通过茶事活动、欣赏茶艺、体悟茶道，对现代人商业化的情感、僵持的思想和不自然的生活是一种开示。我们泡的茶不卑不亢不盈不虚却昭示出生活原本是五颜六色、新鲜而充实的。学茶就是学会和不完美的现实共存，有形随缘行道，无形心底自在，自然拥有智慧的人生。

本书在编写时参阅了大量的书籍和网络文章，得到陕西人民出版社及张军喜先生的大力支持，在此一并表示诚挚的感谢。

本书图文并茂，深入浅出，泡茶品茶，艺道共存。适用于各类职业技术院校、茶馆饭店培训，茶艺师鉴定参考，社会各界人士修身养性。

作者

2011 年 12 月 3 日

CONTENTS 目录

Preparation Phase

准备阶段

为什么泡茶要讲究选择适合茶性的水？这是因为泡茶水质的好坏直接影响茶汤的色、香、味。茶得水发香、润色、甘味。

择水 真水

Choice of water in tea drinking Good water

一、好水发茶性

Good tea and good water brings out the best in each other

为什么泡茶要讲究选择适合茶性的水？这是因为泡茶水质的好坏直接影响茶汤的色、香、味。茶得水发香、润色、甘味。人们常说“水为茶之母”，茶人独重水。古人十分注重泡茶用水之选择，自唐始，论茶必涉水，“唯香茗，借好水发而显真味”。

“茶圣”陆羽将泡茶用水分成三个层次：其用水，山水上，江水中，井水下。《茶经》“五之煮”中就总结了煮茶用水的经验：“真山水，拣乳泉、石池漫流者上”。就是说从岩洞石钟乳上滴下，在石池里经过沙石过滤而且是漫流出来的泉水，才是泡茶的好水。明人许次纾在《茶疏》中也说：“精茗蕴香，借水而发，无水不可与论茶也”。明代张源在《茶录》中对水的阐述更是既有品饮实践又有科学见解：“山顶泉清而轻，山下泉清而重，石中泉清而甘，砂中泉清而冽，土中泉淡而白。流于黄石为佳，泻出青石无用。流动者愈于安静，负阴者胜于向阳。真源无味，真水无香。”把水发茶性的特质推向极致。清人张大复甚至把水品放在茶品之上，他认为：“茶性必发于水，八分之茶，遇十分之水，茶亦十分矣；八分之水，试十分之茶，茶只八分耳。”故徐珂在《清稗类钞》有“烹茶须先验水”之说。这

些都是前人从无数泡茶实践中得来的经验，弥足珍贵，值得我们借鉴。“龙井茶，虎跑水”是杭州的“双绝”；“蒙顶山上茶，扬子江心水”使蒙顶甘露名扬天下；“烹茶中零水，羹调勒漠鱼”使安康的一江清水供北京，造福人类。这些茶与水的最佳组合真可谓名水伴名茶，相得益彰，茶是水写的文化，不仅能洗胃，更能洗心。讲究水品是中国茶道的特点。

二、清、轻、甘、活、冽
Running water of clean source and sweet taste

泡茶用水有泉水、溪水、江水、湖水、井水、雨水、雪水之分，但只有符合“清、轻、甘、活、冽”五个标准的才称得上是好水。

“活”是指有源头而常流动的水。宋·唐庚的《斗茶记》记载：“水不问江井，要之贵活。”

“甘”是指水略有甜味。宋·蔡襄在《茶录》中说：“水泉不甘，能损茶味。”王安石说：“水甘茶串香”。古人还认为：“泉惟甘香，故能养人。”“味美者曰甘泉，气芬芳者曰香泉”。

“清”是指水质洁净透彻。宋徽宗嗜茶如命，精于评水，其茶著《大观茶论》中指出：“水以清轻甘洁为美。”

“轻”是指分量轻。古人总结为：好水“质地轻，浮于上”，劣水“质地重，沉于下”。清人更因此以水的轻、重来鉴别水质的优劣并将其作为评水的标准。清代陆以湉《冷庐杂识》记载，乾隆每次出巡，常喜欢带一只精制银斗，“精量各地泉水”，精心称重，按水的比重从轻到重，排出优次，定北京玉泉山水为“天下第一泉”。古人所说水

之"轻、重"类似今人所说的"软水、硬水"。

"冽"是指水含口中有清冷感。明代田艺衡认为"泉不难于清，而难于寒"；"冽则茶味独全"。明·高濂《遵生八笺》认为，水"不寒则燥，而味必啬。啬者，涩也。"

古代茶人对水的要求是：甘而轻；活而鲜；冽而清。

古为今用。现代人则对泡茶用水提出了更加科学的标准。

感官指标　色度不超过 15 度、浑浊度不超过 5 度，不得有异味、异色及肉眼可见物。

化学指标　正常 pH 值为 6.5—8.5，总硬度不高于 25 度。

氟化物不超过 1.0 毫克 / 升，氰化物不超过 0.05 毫克 / 升。

细菌总数在 1 毫升水中不超过 100 个，大肠杆菌在 1 升水中不得超过 3 个。

三、真水沏香茗

Good water is most suitable for tea brewing

品茶必先试水。水的品质对茶汤质量起着决定性的作用。《茶录》言:“茶者,水之神。水者,茶之体。非真水莫显其神,非精茶曷窥其体”。选择泡茶用水，必须了解水的硬度和茶品质的关系。天然水可分硬水和软水：含有较多量的钙、镁离子的水称为硬水；不溶或只含少量的钙、镁离子的水称为软水。具体标准为：钙、镁离子含量超过 8 毫克 / 升的水为硬水，少于 8 毫克 / 升的水为软水。如果水的硬性是由碳酸氢钙或碳酸氢镁引起，称为暂时硬水。暂时硬水经过煮沸，所含碳酸氢盐就分解成不溶性碳酸盐，这样硬水变成软水。水的硬度会影响水的 pH

值（酸碱度），而 pH 值又影响茶汤色泽。当 pH 值大于 5 时，茶汤色泽加深，pH 值达到 7 时茶黄素就会自动氧化而损失。水的硬度会影响茶叶有效成分的溶解度。软水中含其他溶质少，茶叶有效成分的溶解度高，故茶味浓；而硬水含有较多量的钙、镁离子，茶叶有效成分的溶解度低，故茶味淡。如果水中铁离子含量过高，和茶叶中多酚类物质结合，茶汤就会变成黑褐色，甚至还会浮起一层“锈油”，绝对不可饮用。如果水中镁的含量大于 2 毫克／升，茶味变淡；钙的含量大于 2 毫克／升，茶味变涩；若达到 4 毫克／升时，则茶味变苦。所以，泡茶用水以软水、暂时硬水为佳。一般多用天然水。其来源以山泉水、溪水等最佳。若泉水含有硫黄，就不能饮用。在天然水中，雨水和雪水属软水，泉水、溪水、江河水属暂时硬水，部分地下水属硬水，蒸馏水为人工加工而成属软水。软水泡茶，汤色明亮，香气清高，滋味鲜爽；如用深岩泉水泡水仙和熟普，就能突出茶汤的醇厚黏稠度。硬水泡茶，汤色浑暗，滋味带涩。泡茶用水要选择符合国家或地方饮用水标准的，而且要取得卫生许可证生产单位生产的水。目前市场上的各种饮用水大致可分为六种类型：天然水、自来水、矿泉水、纯净水、活性水、净化水。若矿泉水含有较多的钙、镁、钠等金属离子，是永久性硬水，虽然水中含有丰富的营养物质，但用于泡茶效果并不佳。无论用哪一类水泡茶，都要求洁净、甘甜、清冽、无异味为好。笔者曾经做过一个实验：泡铁观音。用自来水泡置 2 个小时后茶汤色变为暗橙色，用纯净水泡置 5 个小时茶汤色变暗，用矿泉水泡置 48 个小时茶汤色变化不大。若是名茶鉴赏，择水更要精细些，最好是用所品的茶产地山泉水或无污染江水。陕西安康富硒绿茶就可用我国目前唯一没有污染的，活性十足的汉江水沏泡。品水就是在鉴心。品水，需要

心静，一般人心比较粗，他觉得水没有味道，真正把心静下来，就可以品出水的味道，那就需要你的心比水还要静。品水等于是在观心。心里面烦恼和妄想多肯定品不出来。但是一旦要是静下来、放下来，就能品鉴出水的不同味道。

茶博士语：

1. 用自来水之前，需静置清洁容器中 1 天，待水中的消毒剂气味挥发后再用，纯净度和亮度更好。更发茶香，润汤色。

2. 每一泡只需用茶叶与水比例合适的水量煮沸。不可将随手泡装满水反复烹煮。

3. 从山中汲泉后需放冰箱冷藏室，可保质三天。

候汤活火

Waiting for the tea steaming

候汤，包括火候和定汤两个方面。

一、火候 活火还需活水烹

Heat control fresh water and temperature

火候，是对煮水火力的掌握。水煮到何种程度称作“候汤”？陆羽《茶经·六之饮》说：“茶有九难……八曰煮。”蔡襄在《茶录》

中说："候汤最难。"苏东坡在《汲江煎茶》诗中说："活水还须活火烹，自临钓石取深清。"煮水要用活火，就是用有焰却无烟的炭火。为何要用活火？许次纾《茶疏》说："火必以坚木炭为上，然木性未尽，尚有余烟，烟气入汤，汤必无用，故先烧令红，去其余烟，兼取性力猛炽，水乃易沸。"同时要"炉火通红，茶铫始上，扇法的轻重徐疾，亦得有板有眼。此叫'君子观火，有要有伦，得心应手，存乎其人'。"真是"烹煎火候妙中玄"。鉴别"候汤"的标准，一是看水面沸泡的大小，二是听水沸时声音的大小。明代张源的《茶录》对煎水的过程做了绘形绘声、惟妙惟肖的描写。古人对于"候汤"的要求是有科学道理的。水的温度不同，茶的色、香、味的确不同，浸出的茶叶中的化学成分也不同。温度过高，会破坏茶叶所含的营养成分，茶汤的颜色不鲜明，香气不纯正，味道也不醇厚；温度过低，不能使茶叶中的有效成分充分浸出，其滋味寡薄，色泽暗淡。温庭筠的《采茶录》载："茶须缓火炙，活火煎。"这些煎煮法已成为我国品茶艺术的重要组成部分，与今天的科学冲泡有异曲同工之妙。今人讲究环保低碳生活，宜用酒精、无烟炭、煤气、液化气、电等烧水，既卫生又便捷。

二、定汤　蟹眼已过鱼眼生

Tea steaming　between the second and third boiling

定汤是对泡茶用水温度的定夺，是泡茶中最为关键的一着。一杯茶的优劣此时就决定了。清代文豪袁枚饮茶十分地道，他的定汤术是“烹时用武火，用穿心罐一滚便泡，滚久则水味变矣，停滚再泡则叶浮矣。一泡便饮，用盖掩之则味又变矣，此中消息，间不容发也。”（《随园食单·茶酒单》）也就是说定汤一举须精心掌握，水温过高或过低，茶汤皆不可饮。看来古人对泡茶水温是十分重视的。泡茶烧水要武火急沸，不能文火慢煮，以刚煮沸起泡为宜，“分明变化在中央”。唐人皮日休在《茶中杂咏·煮茶》中说：“时看蟹目溅，乍见鱼鳞起。声疑松带雨，饽恐生烟翠。”即“蟹眼已过鱼眼生”。唐代茶圣陆羽讲水有三沸：“其沸如鱼目，微有声，为一沸；缘边如涌泉连珠，为

二沸；腾波鼓浪，为三沸。”一沸水还太嫩，用于冲泡茶劲力不足，泡出的茶滋味醇度不够。三沸时水已太老，“汤已失性矣”。泡出的茶汤不够鲜爽。用“鱼眼生”的水泡茶，香气、味道俱佳。沸腾过久，水中溶解的氧气、二氧化碳挥发殆尽，泡茶鲜爽味失矣，即过犹不及。未沸滚的水古人称为“水嫩”，水温不够，茶中有效成分不易泡出，香味淡寡。而且茶浮水面，不宜饮。那怎样的汤才是适宜泡茶的汤呢？

三、得一汤　不偏不倚正中和

Ready tea soup　suitable for drinking

唐代苏廙《十六汤品》说：汤者，茶之司命。天得一以清，地得一以宁，汤得一可建汤勋。即“中汤”，这里的“中”也就是“中庸”的中，“中和”的中，“无过与不及”如“声合中则妙”。也就是要我们把握沸汤的“临界点”，拿捏好沸汤的度。唯有二沸之水“不偏不倚正和中”最适宜泡茶，古人称之为“得一汤”。用“得一汤”泡茶，不但能让茶“出色”泡出靓汤，而且使茶的内质美发挥到极致——鲜活明亮，滋味爽口。粗老茶叶宜用沸水直接冲泡，细嫩茶叶宜用降温以后的沸水冲泡。泡茶水温的掌握，主要看泡什么样的茶。茶叶愈嫩绿，冲泡水温愈低。如高档细嫩绿茶，用刚烧沸的开水降至 80 度左右冲泡；乌龙茶，则常用 90 度左右开水将茶具烫热后再泡；熟普洱用 100 度的沸

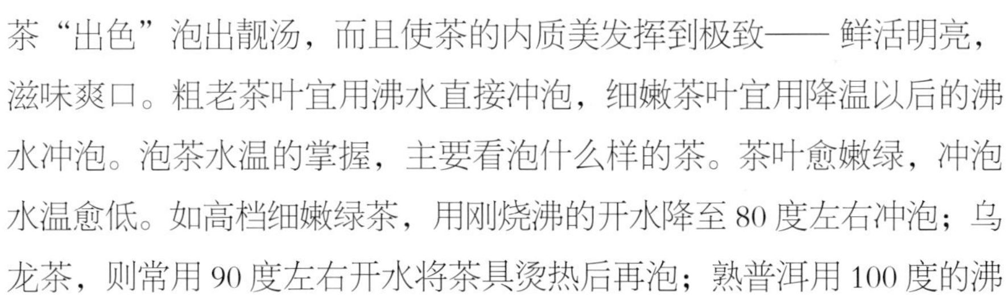

水冲泡。这样，可使茶汤清澈明亮，香气纯而不钝，滋味鲜而不熟，叶底明而不暗，饮之上口，茶中有益于人体的营养成分也不会遭到破坏。泡茶水温与茶叶有效物质在水中的溶解度成正比，水温愈高，溶解度愈大，茶汤也就愈浓。在高温下，茶汤颜色较深，维生素 C 大量破坏，滋味较苦（茶中咖啡碱容易浸出），也就是说把茶叶“烫熟”了。若用多次烧沸或加热时间过久的开水（即古人所称的“水老”）泡茶，会使茶叶“汤熟失味”，口感变差。相反，水温愈低，溶解度愈小，茶汤就愈淡。水温高低、茶用量的多少和冲泡时间之长短都影响茶汤质地。水温高，用茶多，冲泡时间要短；反之，冲泡时间要长。据测试，冲泡第一次时，可溶性物质能浸出 50%~55%；第二次能浸出 30% 左右；第三次能浸出 10%；第四次则所剩无几。冲瀹茶汤时注水的力度和高度要恰到好处，同时注意要适合饮用者的口味，一杯香气怡人、浓馥持久、醇正回甘的好茶汤将会沁人心脾。从茶汤的活跃和丰富当下就能感觉到一种愉悦。

茶博士语：

1. 听泉静心。随煮水时声音起伏静心。微有声、松涛声、连珠声、天籁声。

2. 泡茶者从沸腾的水冒出的蒸汽形成直线的瞬间判断是否得一汤。

3. 有经验讲情趣的泡茶者靠耳朵听出“二沸”。煮水时，壶内声若松涛，水面浮珠，视为二沸。此时，应即刻提起泡茶。

鉴茶精茶

Tea identification

一、茶叶类别

Types of tea

根据采摘时间可分为春茶、夏茶、秋茶。

春茶于3月中旬至5月上旬采摘，也叫春仔茶。茶芽肥壮，白毫显露，

色泽绿翠，叶质柔软，滋味鲜爽，香气强烈。

夏茶于 6 月初至 7 月初采摘，“茶到立夏一夜粗”，茶中的花青素、咖啡碱、茶多酚含量明显增加，滋味显得苦涩。

秋茶于 9 月上旬至 10 月中旬采摘，也叫白露茶。香气不高（秋观音除外），滋味淡薄，叶底夹有铜绿色芽叶，叶张大小不一，对夹叶多，叶缘锯齿明显。

按种植的地理位置不同分为高山茶和平地茶。一般认为生长于海拔 1000 米以上茶园所产制的茶叶为高山茶。我国台湾以海拔 2600 米为上限。

根据茶色（加工方法不同）分为绿茶、红茶、青茶（乌龙茶）、白茶、黄茶、黑茶共六大类。

二、鉴别方法

Ways of identifying different types of tea

（一）春茶、夏茶、秋茶的鉴别方法

Identification of spring tea， summer tea and autumn tea

1. 干看　观察外形

春茶　绿茶色泽绿润，青茶色绿，红茶色泽乌润。茶叶肥壮重实，较多白毫。红茶、绿茶条索紧结，珠茶颗粒圆紧，香气馥郁。

夏茶　绿茶灰暗，青茶色黛，红茶色泽红润。叶轻飘松宽，嫩梗宽长。红茶、绿茶松散，珠茶颗粒松泡，香气略有粗老。谚语说“春茶鲜、夏茶苦”。

秋茶　绿茶、青茶色泽黄绿，红茶色泽暗红。叶大小不一，叶张轻薄瘦小，香气平和。

2. 湿评 开汤审评

春茶　冲泡后下沉快，香气浓烈持久，茶汤口感醇厚。绿茶汤色绿中显黄，红茶汤色艳现金圈。叶底柔软厚实，春茶芽较秋茶细嫩，颜色较浅，香气较秋茶淡些。

夏茶　冲泡下沉较慢，香气稍低。绿茶滋味欠厚稍涩，汤色青绿，叶底中夹杂铜绿色芽叶；红茶滋味较强欠爽，汤色红暗，叶底较红亮，叶底薄而较硬，对夹叶较多。

秋茶　冲泡后滋味平淡，茶汤口感薄，叶底夹有铜绿色芽叶，叶张大小不一，对夹叶多。

（二）高山茶和平地茶的鉴别方法

Identification of high mountain tea of six kinds of tea

香气和滋味是评高山茶和平地茶品质最显著的两项指标。茶人所说的某茶具有高山茶的特征就是指茶叶具有高香、味浓而言的。成茶具有特殊的花香，有香气高，滋味浓、耐冲泡的特点。其外形条索厚重，新梢肥壮，色泽翠绿，富有光泽，茸毛多，节间长，鲜嫩度好；茶汤色泽绿亮，香气持久，滋味浓厚，叶底明亮，叶质柔软。明·陈襄诗曰：“雾芽吸尽香龙脂”，人们常以“雾锁千树茶，云开万壑葱，香飘千里外，味酽一杯中”来形象地描述高山茶。

平地茶外形条索细瘦、露筋、轻薄，色黄绿少光；汤色清淡，香气平淡，滋味醇和，叶张平展，叶质较硬，叶脉显露，叶底硬薄。

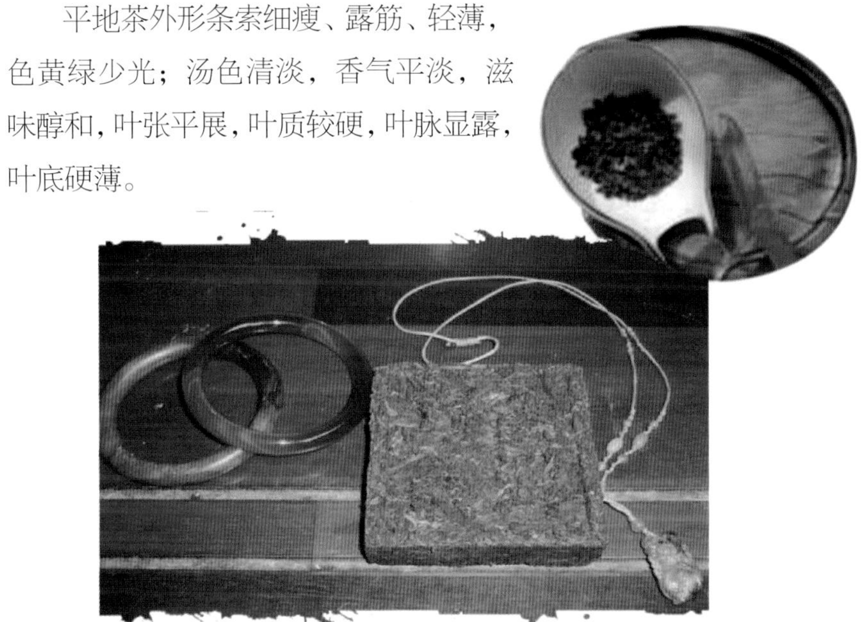

（三）六大基茶的鉴别

Identification of six kinds of tea

我国的茶有六大基本类别。以下简称六大基茶。

1. 六大基茶主要品质

绿茶　我国产量最多。具有绿叶绿汤的品质特征。嫩度好，色泽绿润，芽锋显露，汤色明亮。代表品种有“西湖龙井”、“碧螺春”、“六安瓜片”等。

红茶　为红叶红汤，全发酵茶。干茶色泽乌润，滋味醇和甘浓，汤色红亮明艳。

红茶有“功夫红茶”、“红碎茶”和“小种红茶”（正山小种）等型，以“祁红”、“滇红”、“金骏眉”最有代表性。

青茶（乌龙茶）　为半发酵茶，色泽青褐如铁。典型的乌龙茶的叶体中间呈绿色，边缘呈红色，素有“绿叶红镶边”的美称。其汤色清澈金黄，有天然花香，滋味浓醇鲜爽。以“铁观音”、“大红袍”、“冻顶乌龙”、“凤凰单枞”等最具代表性。

◎铁观音

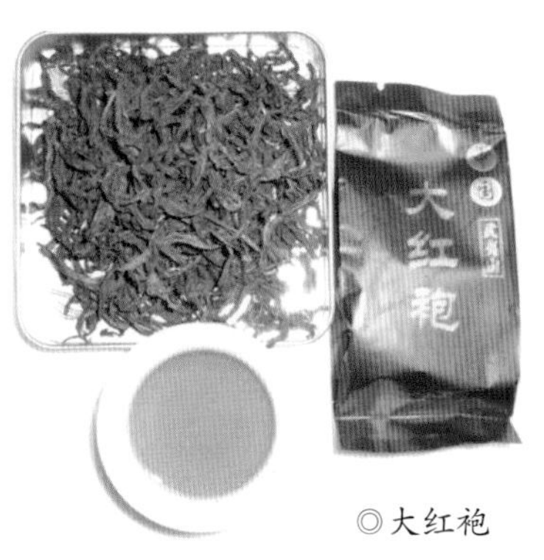

◎大红袍

白茶 满身白毫，形态自然，汤色黄亮明净，滋味鲜醇。代表品种有“银针”、“寿眉”、“白牡丹”等。

黄茶 黄叶黄汤，香气清锐，滋味醇厚。其芽叶茸毛披身，金黄明亮，汤色杏黄明澈。代表品种有“君山银针”、“蒙顶黄芽”、“霍山大黄茶”等。

黑茶 叶色油黑凝重，汤色橙黄，叶底黄褐，香味醇厚。代表品种有“湖南黑茶”、“云南普洱”、“广西六堡”等 。

2. 六大基茶的鉴别方法——八因子感官评法

“八因子”是指：

干评　从茶叶形状、色泽、整碎、净度评鉴。

湿评　从开汤观汤色、嗅香气、尝滋味、看叶底等方面鉴别。

好茶外观干硬疏松，色泽新鲜，嫩绿明显，纯洁泽润，汤色明亮清澈。劣茶则紧缩暗软，杂而暗，暗而深。绿茶呈嫩绿、翠绿最好，银绿、深绿稍次，嫩黄绿、墨绿、青绿稍差，忌暗褐、陈灰。光泽度以油润、匀润为好。如是隔年陈绿茶色泽会发黄有陈味。

◎左为新茶，右为陈茶

好茶香味纯正，沁人心脾。汤色清而香气足。绿茶口感略带苦涩，饮后又感鲜甜，且回味越久越浓。红茶口感甜爽为好，苦涩为次。劣茶淡薄或根本无香味，有异味。汤色变褐、香味差，鲜甜味少。名茶外形千姿百态。不同的品种有不同的鉴别方法：有的品种要看它的茸毛多少，多者为优，少者为劣；有的品种要看它的条索松紧，紧者为好，松者为差。好的茶叶外形应均匀一致，所含碎茶和杂质少。

三、名茶鉴赏

Identification of famous teas

西湖龙井　产于浙江杭州西湖区，条形整齐，宽度一致，光滑扁形，绿黄色，芽叶细嫩，一芽一叶或二叶；芽长于叶，一般长3厘米以下，芽叶均匀成朵，不带夹蒂、碎片，味道清香。假龙井茶则多是青草味，夹蒂较多，手感不光滑。

碧螺春　产于江苏吴县太湖的洞庭山碧螺峰。银芽显露，一芽一叶，茶叶总长度为1.5厘米，每500克有5.8万至7万个芽头，芽为白毫卷曲形，叶为卷曲青绿色，叶底幼嫩，均匀明亮。假的为一芽二叶，芽叶长度不齐，呈黄色。

信阳毛尖　产于河南信阳车云山。其外形条索紧细，圆、光、直，一芽一叶或一芽二叶，银绿隐翠，内质香气新鲜，叶底嫩绿匀整。假的为卷曲形，叶片发黄。

君山银针　产于湖南岳阳君山。芽头肥嫩，挺直匀齐，满披茸毛，色泽金黄光亮，香气清鲜，茶色浅黄，味甜鲜爽，冲泡时芽尖竖立后徐徐下沉杯底，形如鲜笋出土，又像银刀直立。假银针有青草味，泡后银针不能竖立。

六安瓜片　产于安徽六安齐云山。外形平展，每一片茶不带芽和茎梗，色绿光润，形似瓜子，香气清高，水色碧绿，滋味回甜，叶底厚实明亮。假的味道较苦，色较黄。

黄山毛峰　产于安徽歙县黄山。其外形细嫩稍卷曲，芽肥壮匀齐，有锋毫，形似雀舌状，叶呈金黄色；香气清鲜，汤色清澈，杏黄，明亮，味醇厚，回甘，叶底芽叶成朵，厚实鲜艳。假茶呈土黄色，味苦，叶底不成朵。

祁门红茶　产于安徽祁门县。干茶呈棕红色有油润感，切成 0.6 至 0.8 厘米，味浓厚醇，“祁门香”强烈鲜爽。假茶有人工色素，味苦涩，淡薄，条叶形状不齐。

安溪铁观音 产于福建安溪县。叶体沉重如铁，形美如观音，形状似蜻蜓头、螺旋体、青蛙腿，色泽砂绿光润，具有天然兰花香，汤色清澈金黄，味醇厚甜美，入口微苦，回甜快，耐冲泡；叶底青绿红边，肥厚明亮，每颗茶都带茶枝。假茶叶形长而薄，条索较粗，无青翠红边，叶泡三遍无香味。

武夷岩茶 产于福建武夷山市。外形条索肥壮，紧结匀整，形状似蜻蜓头、蛤蟆背、三节色，内质香气馥郁，隽永，滋味醇厚回甘，

润滑爽口，汤色橙黄，清澈艳丽；叶底匀亮，边缘朱红或起红点，中央叶肉黄绿色，叶脉浅黄色，耐泡 6 至 8 次以上。假茶味淡，欠韵味，色泽枯暗。

茶博士语：

1. 饮茶贵乎鲜。冰箱冷藏绿茶可保鲜 18 个月。保鲜绿茶与新绿茶一个显著的区别是开汤后色泽不同。保鲜绿茶成苍绿色，新绿茶成嫩绿色，明亮逼眼。叶底干后保鲜绿茶成灰褐色，新绿茶成白灰色。

2. 藏茶要旨。干燥、低温、隔绝空气和光线，不受挤压和撞击，包装和储藏材料洁净无异味，保持茶的原形、本色和真味。保持茶鲜主要条件有低温，并以石灰缸、金属罐、真空无氧袋、热水瓶储茶。

3. 察“颜”观色自然里。在自然光线下转动盛茶盘从光泽明亮度极易判断出茶的新旧、老嫩。

备具妙器

Preparation of tea utensils

器为茶之父。按质地来分类，茶具可分为陶土茶具、瓷器茶具、玻璃茶具、金属茶具、漆器茶具、竹木茶具、其他茶具。

◎陶土茶具

◎瓷器茶具

◎玻璃茶具

◎金属茶具

◎漆器茶具

◎竹木茶具

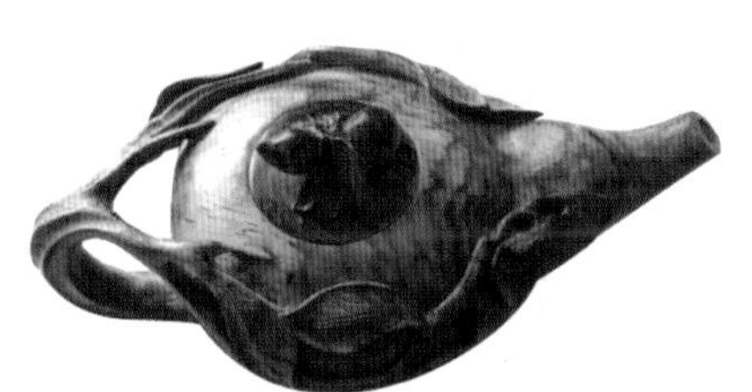

◎其他茶具

备具就是准备饮茶时的用具。关键是突出一个妙字。当今中国的茶事已被视为一门艺术，讲究的是精茶配妙器，相得益彰，珠联璧合。精茶配妙器是相当科学的。茶具不仅要有实用价值，还要有观赏价值，甚至还有收藏价值。玻璃杯晶莹剔透代表着明朗，白瓷杯冰清玉洁透视着坚贞，金属杯表里如一隐含着坚强，紫砂杯古朴典雅折射着高贵，漆器杯光彩夺目意蕴着轻盈，竹木杯别具一格包容着自然，搪瓷杯清新亮丽描绘着斑斓，使茶具的文化品位十足，从而成为人们寄托情怀、涤荡心灵的载体。

一、顺应茶性　适茶用具

Different tea utensils for diversity tea

选择茶具必须了解茶性，顺应茶性，因茶制宜。合适的搭配不仅会烘托品茗气氛而且会将茶香茶味发挥到极致。茶品种类繁多，色泽形状各异，香气滋味更是千差万别，只有理解茶，去触发茶的灵魂，才能使所选茶具充分抒发茶性，展示茶的内在美。好茶好壶，犹似红花绿叶，相映生辉。例如冲泡乌龙茶，宜用紫砂壶或盖碗；冲泡岩茶宜用口大的紫砂壶；冲泡红茶宜选用瓷壶或紫砂壶；冲泡高档绿茶、黄茶、白茶宜选用晶莹剔透的玻璃杯；冲泡花草茶或调配浪漫音乐红茶宜选用造型别致的鸡尾酒杯，或装饰艳丽的茶具冲泡。

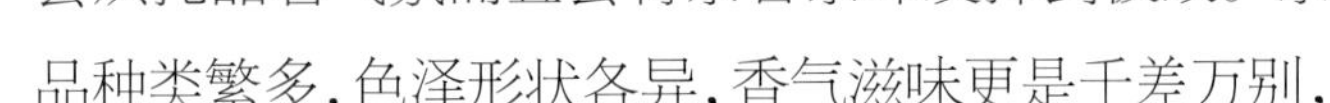

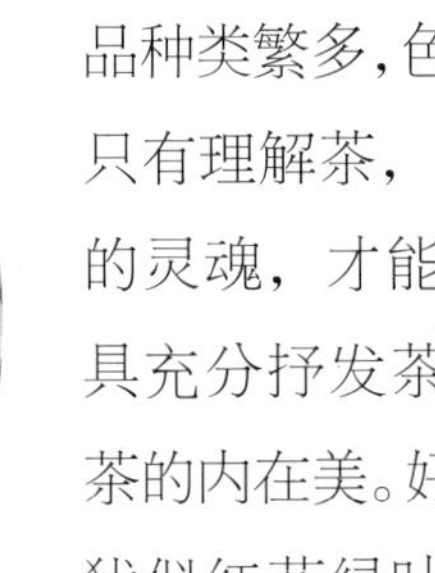

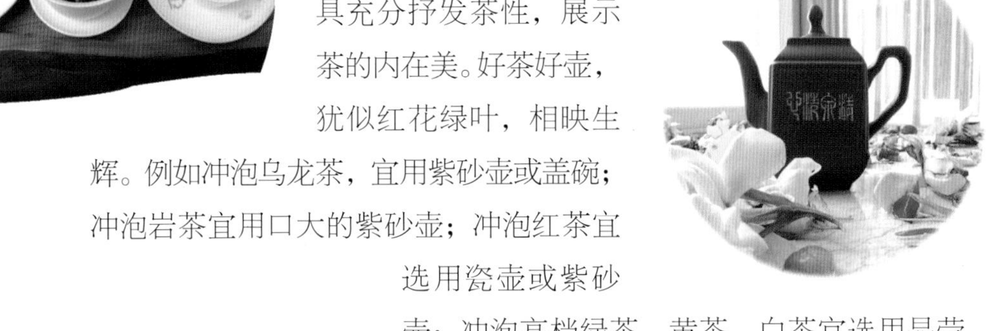

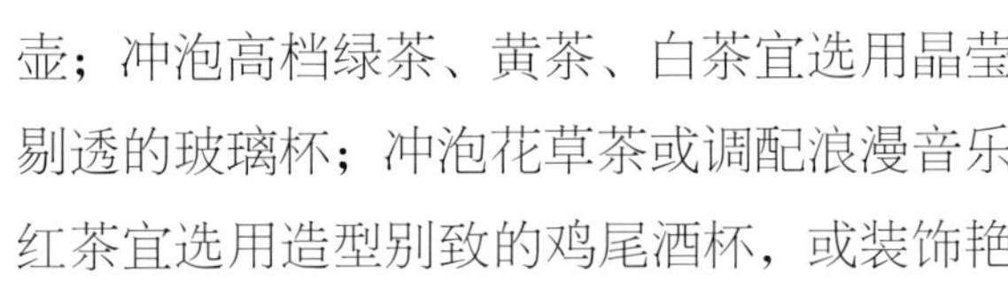

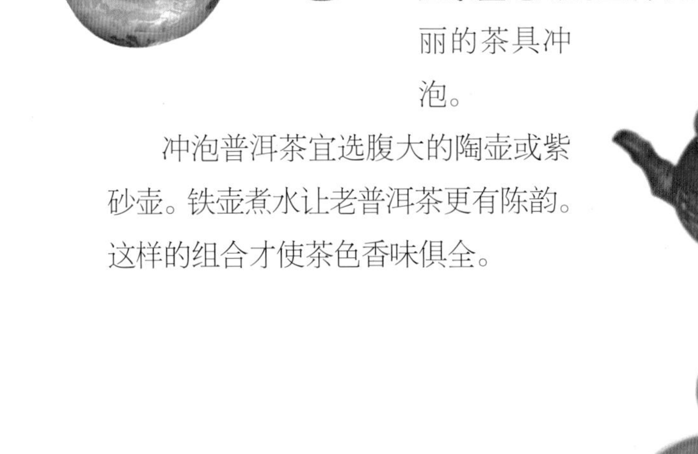

冲泡普洱茶宜选腹大的陶壶或紫砂壶。铁壶煮水让老普洱茶更有陈韵。这样的组合才使茶色香味俱全。

二、妙器横生　美感层出

Splendid tea utensils for creating sense of beauty

选择茶具要注意其具外形、质地、色泽、图案等方面的协调与对比，茶具之间的照应以及茶具与室内其他物品的协调。应注意一套茶具中壶、盅、杯等的色彩搭配，再辅以船、托、盖置，做到浑然一体。如以主茶具色泽为基准配以辅助用品，则更是天衣无缝。巧妙应用对称美与不均等美的结合，才能选配出完美感觉。将适宜的茶具进行搭配组合，是茶人在茶艺活动中对美的创造。茶具组合是茶席布置的一项主要内容，同时也是一个艺术创作的过程。一件高雅精致

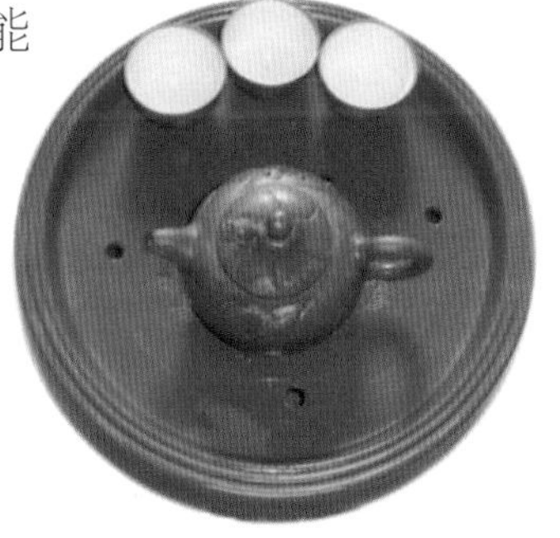

的茶具，本身又富含欣赏价值，且有很高的艺术性。

各种茶适宜选配的茶具列出如下：

绿茶　无色、无花、无盖透色玻璃杯，或用白瓷、青瓷、青花瓷无盖杯。

花茶　青瓷、青花瓷等盖碗、盖杯、壶杯具。

黄茶　奶白或黄釉瓷及黄橙色壶杯具、盖碗、玻璃杯。

红茶　内挂白釉紫砂、白瓷、红釉瓷、暖色瓷的壶杯具、盖杯、鸡尾酒杯、盖碗或咖啡壶具。

白茶　白瓷或黄泥炻器壶杯及内壁有色黑瓷。

乌龙茶　紫砂壶杯具，或白瓷壶杯具、盖碗、盖杯。用它冲泡出来的茶汤，有香高、汤清、味醇的特点，

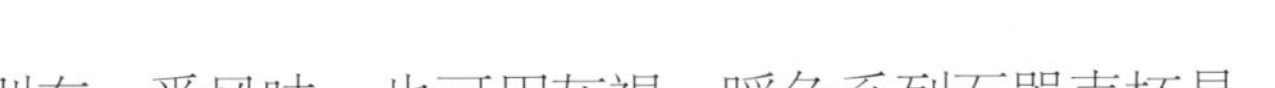

别有一番风味。也可用灰褐、暖色系列石器壶杯具。

三、经典搭配　重在实用

Right arrangements for practical use of tea drinking

茶具是用来盛茶的。茶具在饮茶过程中有助于提高茶的色、香、味，实用是它最主要的功能。茶具除了容积和重量的比例要恰当外，饮具内壁以白色为好，能真实反映茶汤色泽与明亮度。要讲究茶具质地，因茶择具。

青瓷色泽青翠，用来冲泡绿茶，更有益汤色之美。

白釉茶具，适合冲泡各类茶叶，尤其是用它盛茶汤会产生“挂瓷留香”的美妙感受。

用锡、铁、铅等金属制作的茶具煮水泡茶，会使“茶味走样”。用保温杯泡茶，会使茶叶中的多种维生素和芳香物质流失，茶汤味道也涩。在过滤器里泡茶，茶中丰富的维生素及矿物质也会流失掉。

环境雅境

Environment quiet and elegant atmosphere

泡茶品茗需有适宜的环境，就是人们在品饮活动时周围的条件，如天气（风和日丽、晴窗细雨等）、自然景色（青山绿水、茂林修竹等）、地域风情（驿站、桥亭、古寺、乡野风土等）及室内陈设格局（棋琴书画、山石清供）和茶人的心境，等等。中国古代人泡茶品茶时对环境要求非常讲究。明人徐文长说：“茶宜精舍，云林、竹灶，幽人雅士，寒宵兀坐，松月下，花鸟间，清流白云，绿鲜苍苔，素手汲泉，红装扫雪，船头吹火，竹里飘烟。”描述了茶境的质朴、清静。追求一种天然的情趣和文雅的气氛，使人、自然、社会相

互统一，相互和谐。中国佛教协会副会长净慧说：“中国文化中的茶文化的精神一个‘雅’字可以体现它。古今茶人无不以品茗谈心为雅事，以茶人啜客为雅士。禅的精神在于悟，茶的精神在于雅。悟的反面是迷，雅的反面是俗。由迷到悟是一个长期参悟的过程，由俗到雅也是一个持久修养的过程。”雅境中泡茶才能彰显茶文化的精神。我们认为雅境可用净、敬、静、境来概括。

净　中国泡茶道的基础。有外净与内净之说，又有内外统一之道。外净是冲泡茶的用具洗涤干净，摆放整洁有序似“澄江净如练”，茶室打扫干净，泡茶人素手净面，与客人交流语言干净无污语，茶人通过去除身外的污浊达到内心的清净。洁净整齐是我们推崇的修养要素。内净更多的是指对灵魂的洗涤。泡茶人净心即内心无杂念，安住当下，光洁明亮，“一片冰心在玉壶”，与品茶者共同营造一尘不染的净境，在洁净茶室中创造清净无垢的净土——一个理想的社会。心境清净了，内外洁净了，天地自然广阔了，每个人也如鸟儿一般自由自在。

敬　中国泡茶道的必要礼仪。敬是相互之间尊敬的感情。泡茶道吸

收了禅宗的“心佛平等”观，并加以升华和提炼形成茶汤中的“一座建立”，即参与茶事的所有的人地位都是平等的，人们相互尊重，共享和谐的茶室气氛。在这里相敬相爱，敬重敬畏，于“本心”的流露而达到自然、非理性的交融。实现一种超越经验，即无意识的内心自悟的大慧。而这种超越的先决条件之一就是“敬”。客来敬茶自古以来是我国人民重情好客的礼俗。晋代的王濛用“茶汤敬客”，桓温用“茶果宴客”，宋代杜耒《寒夜》诗写出“寒夜客来茶当酒，竹炉汤沸火初红”的佳句。人敬人高是我们常常遵循的为人处世法则。敬奉香茗是茶艺茶道不可缺少的流程。

静 中国泡茶道修习的不二途径。“虚静观复法”是老子、庄子的创举。老子说：“至虚极，守静笃，万物并作，吾以观其复。”庄子说：“水静则明烛须眉，平中准，大匠取法焉。”老子和庄子所启示的“虚静观复法”是人们明心见性，洞察自然，反观自我，体悟道德的无上妙法。

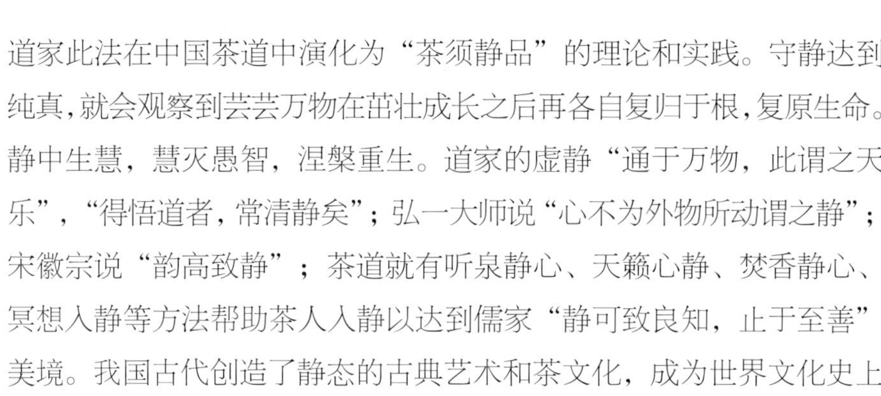

道家此法在中国茶道中演化为“茶须静品”的理论和实践。守静达到纯真，就会观察到芸芸万物在茁壮成长之后再各自复归于根，复原生命。静中生慧，慧灭愚智，涅槃重生。道家的虚静“通于万物，此谓之天乐”，“得悟道者，常清静矣”；弘一大师说“心不为外物所动谓之静”；宋徽宗说“韵高致静”；茶道就有听泉静心、天籁心静、焚香静心、冥想入静等方法帮助茶人入静以达到儒家“静可致良知，止于至善”美境。我国古代创造了静态的古典艺术和茶文化，成为世界文化史上的一大高峰，修静的结果就是清境。

境 中国泡茶道的终极追求。中国优秀的传统文化儒释道的思想精髓让茶渗透了。儒家的仁义礼信、释家的静虑修身、道家的虚静缥缈，共同构成了饮茶的意境：真性、淡泊、随缘、自然、旷达。茶室的雅

境、茶人的心境、大自然的真境，使茶人相聚嗜茶共融，合乎“茶理”，追求天与地、人与人、人与境、茶与水、茶与具、水与火、情与理的和谐。使我们走向生命的“化境”。清风明月、寒松翠竹、溪流清泉，不向功名，不思利禄，走进“平生于物原无取，消受山中一杯茶”的极高境界。让心灵有一次宁静无邪的释放，拂去尘世纷乱，暂时舍弃一切浮华，在自然与茶中，找回真我。这相互之间的清幽空寂、自然淡雅，协调融合，使泡茶品茗既具有饮水解渴的功能，又有深刻的文化意味和精神内涵，对于人和艺都是一种超凡的精神，是一种高层次的审美探求，是泡茶饮茶的精义所在。

人品 佳客

Character Moral character of the drinkers

茶道要求泡茶品茶者遵循一定的法则。这是泡茶人与品茶人共同的修为。明·冯可宾在《岕茶笺》的十三宜与七禁忌对品茶的人员、环境构成做了很好的阐述。“十三宜”为：一无事、二佳客、三独坐、

四咏诗、五挥翰、六徜徉、七睡起、八宿醒、九清供、十精舍、十一会心、十二鉴赏、十三文僮；“七禁忌”为：一不如法、二恶具、三主客不韵、四冠裳苛礼、五荤肴杂味、六忙冗、七壁间案头多恶趣。宋代为三点与三不点品茶。“三点”为新茶、甘泉、洁器为一，天气好为一，风流儒雅、气味相投的佳客为一，这里的佳客应当具有如茶一般清醇优雅的气质和坦诚明洁的情操。欧阳修在其《尝新茶》诗曰：“泉甘器洁天色好，坐中拣择客亦佳。”他认为，品茗既要有好茶、甘泉、洁具，也要有好的环境（天气、景色等），还要有相投的佳客，否则宁可大家没茶喝。这些都是对品茗者的要求，对茶人同样有要求。茶圣陆羽对茶人要求的标准是“精行俭德之人”。唐·刘贞亮要求茶人循礼法、行仁义、谦恭和平、净心高雅，即以茶行“道”。明·陆树声《茶寮记》中提到：“煎茶虽微清小雅，然而其人与茶品相得。”要求茶人、文人之间的情操高尚、志同道合。日本茶道宗匠千里休也提出茶人资格说。一是要熟悉茶道文化艺能，二是要懂得本国文化，了解本民族独特的审美意识和道德观念。按此要求，茶人须是茶专家、茶博士和哲人。

Ways of tea-brewing

冲泡阶段

要泡好一壶茶，需突出“三性”——实用性、科学性、艺术性。“实用性”就是一切从实际需求出发。科学性就是顺应各类茶叶的特性，以科学冲泡方式，使茶叶的品质能充分地表现出来。艺术性就是搭配合适的器具进行艺术地冲泡。

基本泡法

Basic ways of brewing

一、泡茶基本手法

Basic ways of brewing skills

（一）取用器物手法

Fetching tea utensil skills

1. 捧取法

搭于胸前或者前方桌沿的双手向两侧移至肩宽，双手掌心相对捧住基部移至需安放的位置，轻轻放下后收回；再去捧第二件物品，动作完毕复位。用于捧取茶样罐、茶筒、花瓶等。

2. 端取法

双手手心向上，掌心下凹，平稳移动物件。用于端取赏茶盘、茶巾盘、扁形茶荷、茶匙等。

3. 置茶法

（二）温具手法

Warming-up utensils skill

1. 温壶法

开盖　左手大拇指、食指和中指按在壶钮上，揭开壶盖，把壶盖放到盖置或茶盘中。

注汤　右手提壶，按逆时针方向低斟，使水流顺茶壶口冲进；再使水从高处冲入茶壶；等注水量为茶壶的 1/2 时再低斟，使开水壶及时断水，轻轻放下。

加盖　用左手按开盖顺序颠倒就行。

荡壶　双手取茶巾放在左手手指上，右手把茶壶放在茶巾上，双手按逆时针方向转动，使茶壶各部分充分接触开水。

倒水　根据茶壶的样式把水倒进水盂。

2. 温盅及滤网法

揭开盅盖，把滤网放到盅内，注开水。

3. 温杯法

大茶杯，右手提壶逆时针转动，使水流沿茶杯壁冲入，约主容量的 1/3 后断水，使茶杯内外均用开水烫到。小茶杯，翻杯时把茶杯相

连排成一字或者圆圈，右手提壶向杯内注入开水至满；使茶杯内外均用开水烫到。

4. 温盖碗法

斟水　提壶逆时针向盖内注水，注入碗内的 1/3 容量时壶断水，开水壶复位。

翻盖　右手取渣匙插到缝隙里，左手手背朝外护在盖碗外，手掌轻靠碗沿；右手用渣匙从内向外拨动碗盖，左手用拇指、食指和中指把碗盖盖在碗上。

烫碗　是右手大拇指和中指搭在碗身中间部位，食指抵住盖钮下凹处；左手托碗底，端起盖碗，右手呈逆时针转动，使盖碗内各部位接触热水。

倒水　右手提盖钮把碗盖靠右斜盖；端起盖碗移到水盂上，水从盖碗左侧倒进水盂。

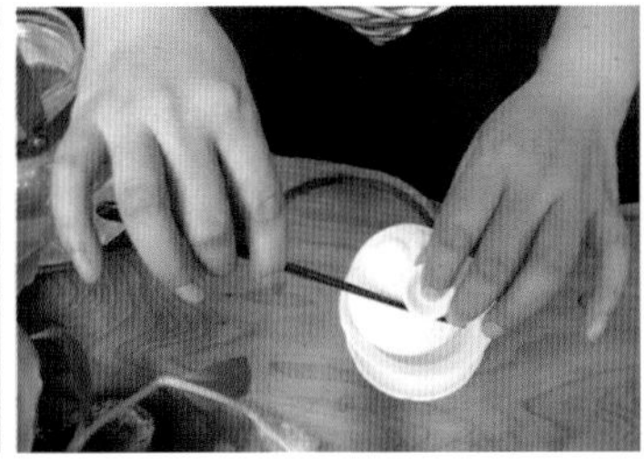
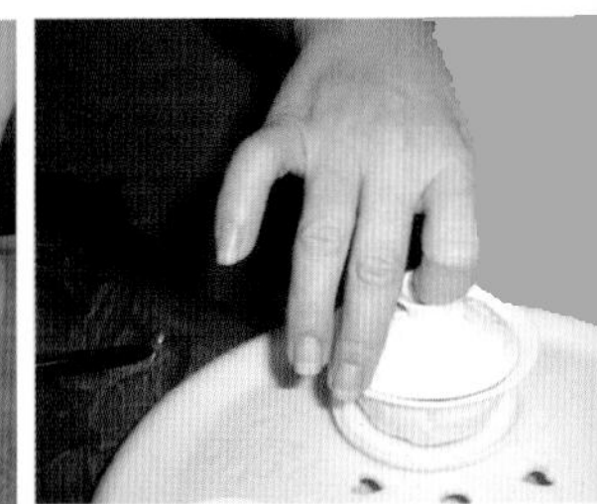

（三）提壶手法

Holding pot skill

1. 侧提壶

大型壶　右手的食指、中指勾住壶把（或虎钳式把壶），左手食指、中指按住壶钮或盖。

中型壶　右手食指、中指勾住壶把。

小型壶　右手拇指和中指勾住壶把。

飞天壶　右手大拇指按住盖钮，其他四指勾住壶把。

2. 提梁壶

右手除中指外四指握住提梁，中指抵住壶盖。

大型壶　右手握提梁把，左手食指、中指按壶的盖钮。

握把壶　右手大拇指按住盖钮或盖一侧，其余四指握壶把提壶。

无把壶　右手虎口分开，平稳握住茶壶口两侧外壁（食指亦可抵住盖钮），提壶。

（四）盖碗的持法

Covered-up cup skill

三件式飘口盖碗　盖微倾斜留一线空隙，拇指、中指及无名指抓住飘口的碗边，食指屈曲按着盖顶圈内。

二件式直口盖碗　由于盖子比较饱满，较易将盖子翻转，所以拿的时候，拇指中指及无名指抓住碗边，食指按着盖顶圈的两点便可。

（五）握杯手法

Holding cups skill

1. 大茶杯

无柄杯　右手握住茶杯基部，女士用左手托杯底。

有柄杯　右手食指、中指勾住杯柄，女士用左手指尖轻托杯底或半握平放。

2. 闻香杯

右手把闻香杯握在拳心，或者把闻香杯捧在两手间。

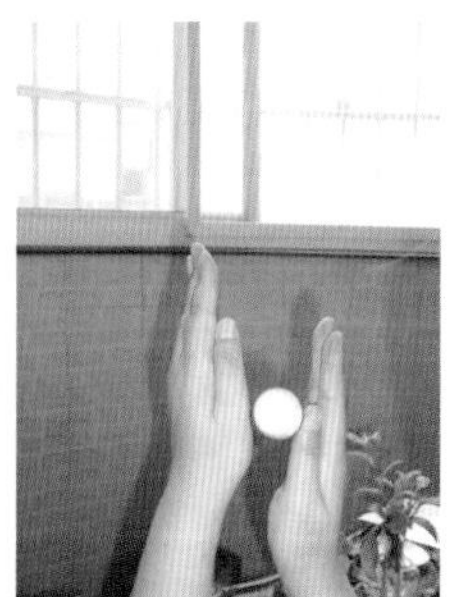

3. 品茗杯

右手大拇指、中指握杯两侧，无名指抵住杯底，食指及小指自然弯曲；女士把食指与小指呈兰花指状，左手指尖托住杯底。

盖碗，右手大拇指与中指扣在杯身两侧，食指按在盖钮下凹处，无名指和小指搭住碗壁。女士双手把盖碗连杯托端起，放在左手掌心。

（六）翻杯手法

Overturning cups skill

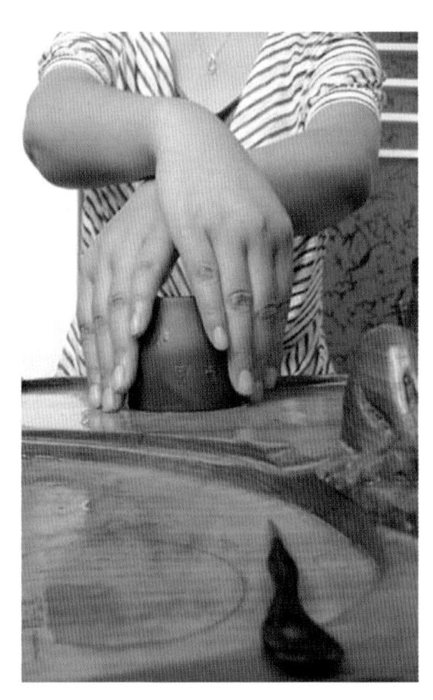

1. 无柄杯

右手反手握茶杯的左侧基部，左手用大拇指轻托在茶杯的右侧基部；双手翻杯成手相对捧住茶杯。

2. 有柄杯

右手反手握杯，左手手背朝上用大拇指、食指与中指轻扶茶杯右侧基部；双手同时转动手腕，茶杯轻轻放下。

（七）置茶手法

Placing tea skill

1. 开闭盖

套盖式茶样罐 双手捧住茶样罐，两手食指用力向上推外层铁盖，边推边转动茶样罐，使各部位受力均匀，这样比较容易打开。当其松动后，右手虎口分开，用大拇指与食指、中指捏住外盖外壁，转动手腕取下后按抛物线轨迹移放到茶盘右侧后方角落；取茶完毕仍以抛物线轨迹取盖扣回茶样罐，用两手食指向下用力压紧盖好后放下。

压盖式茶样罐 双手捧住茶样罐，右手大拇指、食指与中指捏住盖钮，向上提盖沿抛物线轨迹将其放到茶盘中右侧后方角落；取茶完毕依前法盖回放下。

2. 取茶样

茶荷法　左手横握已开盖的茶样罐，开口向右移至茶荷上方；右手以大拇指、食指及中指三指手背向下捏茶匙，伸进茶样罐中将茶叶轻轻扒出拨进茶荷内；目测估计茶样量，认为足够后右手将茶匙搁放在茶荷上；依前法取盖压紧盖好，放下茶样罐。右手重拾茶匙，从左手托起的茶荷中将茶叶分别拨进冲泡具中。在名优绿茶冲泡时常用此法取茶样。

茶匙法　左手竖握（或端）住已开盖的茶样罐，右手放下罐盖后弧形提臂转腕向箸匙筒边，用大拇指、食指与中指三指捏住茶匙柄取出；将茶匙插入茶样罐，手腕向内旋转舀取茶样；左手应配合向外旋转手腕令茶叶疏松易取；茶匙舀出的茶叶直接投入冲泡器；取茶毕后右手将茶匙复位；再将茶样罐盖好复位。此法可用于多种茶冲泡。

（以上图片摄影张子立）

（八）茶巾折叠法

Tea-cloth folding skill

长方形（八层式）　用于杯（盖碗）泡法时，以此法折叠茶巾呈长方形放茶巾盘内。以横折为例，将正方形的茶巾平铺桌面，将茶巾上下对应横折至中心线处，接着将左右两端竖折至中心线，最后将茶巾竖着对折即可。将折好的茶巾放在茶盘内，折口朝内。

正方形（九层式）　用于壶泡法时，不用茶巾盘。以横折法为例，将正方形的茶巾平铺桌面，将下端向上平折至茶巾 2/3 处，接着将茶巾对折，然后将茶巾右端向左竖折至 2/3 处，最后对折即成正方形。将折好的茶巾放茶盘中，折口朝内。

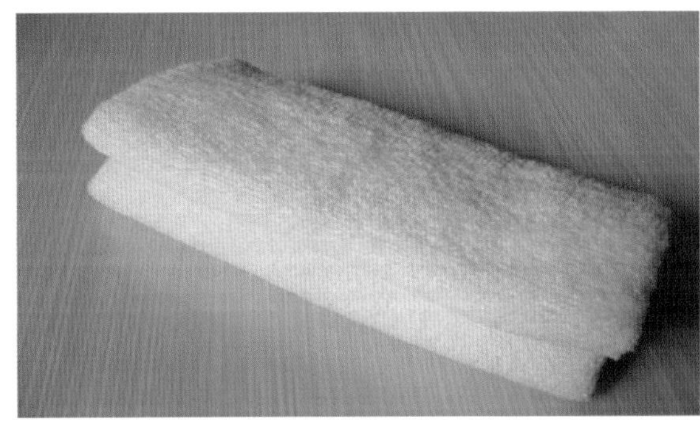

（九）冲泡手法

Brewing skill

冲泡要领 头正身直、目不斜视，双肩齐平、抬臂沉肘。（一般用右手冲泡，左手则半握拳自然搁放在桌上。）如果开水壶比较沉，双手取茶巾放在左手上，右手提壶左手托住壶底；右手使水流顺着茶壶口内壁冲到茶壶（杯）里。

单手回转冲泡法 右手提开水壶，手腕逆时针回转，令水流沿茶壶口（茶杯口）内壁冲入茶壶（杯）内。

双手回转冲泡法　如果开水壶比较沉，可用此法冲泡。双手取茶巾置于左手手指部位，右手提壶左手垫茶巾部位托在壶底；右手手腕逆时针回转，令水流沿茶壶口（茶杯口）内壁冲入茶壶（杯）内。

凤凰三点头冲泡法　用手提水壶高冲低斟反复三次，寓意为向来宾鞠躬三次以示欢迎。高冲低斟是指右手提壶靠近茶杯口注水，再提腕使开水壶提升，此时水流如“酿泉泄出于两峰之间”，接着仍压腕将开水壶靠近茶杯继续注水。如此反复三次，恰好注入所需水量即提腕断流收水。

回转高冲低斟法　先用单手回转法，右手提开水壶注水，令水流先从茶壶壶肩开始，逆时针绕圈至壶口、壶心，提高水壶令水流在茶壶中心处持续注入，直至七分满时压腕低斟（仍同单手回转手法）；满后提腕令开水壶壶流上翘断水。淋壶时也用此法，水流从茶壶壶肩—壶盖—盖钮，逆时针打圈浇淋。

二、各类茶的冲泡
Brewing skills of different tea

各类茶叶的特点不同，或重香、或重味、或重形、或重色，泡茶时就要有不同的侧重点，以发挥茶的特性，展示茶的美态。各种名茶本身就是各具特色的工艺品，色、香、味、形各有千秋，冲泡过程更是一种艺术享受。

习茶基本姿态和冲泡手法需强化训练。习茶不主张繁文缛节，但是和谐礼仪动作却要始终贯穿其中。采用含蓄谦逊、温文尔雅、真心诚挚的礼仪动作。首先要静心，尽量用微笑、眼神、手势、姿势等态势语示意，语言少而精。其二求稳重，调息静气是关键。行茶者必须掌握好用力分寸，气韵凝于手掌心，含而不露彰显茶世界的美丽。更要通过行茶动作自然表达寓意。如泡功夫茶技能“翻杯”。单翻：如人生青年，充满朝气简单纯洁，只需单手翻杯；双翻：如人生壮年，做事注重协调性，能辩证考虑问题；合翻：如人生暮年，已可圆融解决问题了。其三，恰到好处是核心。合适、适宜、适中。如泡功夫茶“春风拂面”时，高冲的水要刚刚与壶面平，沫花自然随壶盖而去，才是能冲出好茶汤的基础。另外泡茶者的容姿、风度、礼仪、内心世界都会在泡茶过程中表现出来，只有融会贯通，才可以茶修身养性、陶冶情操。泡茶者不仅要有广博的茶文化知识及对茶道内涵的深刻理解，而且要具有较高的文化品质修养，高雅的举止行为，宁静致远的真实心灵，否则纵有佳茗在手也无缘领略其真味。初学泡茶者模仿能做到形似，要真正学会泡茶还需不断学习不断创新做到神似。最终形成自己的独特风格。要想成为一名茶人，不仅要注重泡茶的过程是否完整，动作是否准确到位，语言是否恰当，同时更需加强文化修养，提高领悟能力。

（一）如何泡好一杯绿茶

Proper way of brewing green tea

绿茶始创于唐代兴盛于明代。是我国起源最早、影响最广泛、产量最大、花色品种最丰富的茶类。十大名茶中西湖龙井、洞庭碧螺春、六安瓜片、黄山毛峰、太平猴魁、信阳毛尖六类都属绿茶类，属不发酵茶类。基本工艺为鲜叶经过杀青—揉捻—干燥等步骤制成。品质特点主要有色泽“三绿”（外形、汤色、叶底均绿）。外形白毫呈露、条索紧实，汤色碧绿、翠绿或黄绿，香是清新的绿豆、黄豆或栗香，味清淡微苦回甘，鲜爽怡人。富含叶绿素、维生素C。茶性寒凉，咖啡碱、茶碱含量较多，易刺激神经少眠。

绿茶在色、香、形、味上讲究嫩绿明亮，清香醇美，它的冲泡看似简单，其实极其讲究。冲泡时略有偏差，易使

茶叶焖熟，茶汤暗淡，香气沌浊。应根据品质特点，视茶条的松紧不同采用上投法、中投法、下投法；基本泡法和功夫泡法。适合选用玻璃杯（壶）、瓷杯（壶）冲泡品饮。冲泡的基本程序为：选具—鉴茶—择水—洁具—置茶—温润泡—冲泡—赏茶—奉茶—品饮。

1. 基本泡法

（1）上投法

适宜外形紧结重实易下沉的各种茶，如碧螺春、蒙顶甘露、福建莲芯等。

选具　宜选高圆柱形平底无盖的玻璃杯。一是增加透明度便于赏茶，观茶舞，二是敞口易散热，防嫩叶茶芽泡熟，失去鲜嫩色泽和清鲜滋味。

鉴茶　鉴干茶色、香、形。

洁具　清洁茶具，又提高杯温，利于茶叶香气挥发。

置茶　将 80℃—85℃沸水倒至杯中七分满，用茶匙把茶荷中干茶拨入杯中，泡 1—2 分钟。

赏茶　茶叶徐徐下沉，如天女散花，飞雪飘扬。

品饮　一闻幽香，清香幽雅，独具天然花果香。二观汤色，碧绿清澈。三啜其味，汤味鲜雅。

（2）中投法

适宜泡饮茶条松展纤细不易下沉的名茶，如黄山毛峰、六安瓜片、太平猴魁等。

选具　平底无盖容 150 毫升水的玻璃杯。茶具组套。

洁具　热水温茶杯，清洁茶具提高杯的温度。

量茶　将 90℃沸水倒至杯中 1/3，用茶匙把茶荷中干茶拨入杯中。

温润泡　轻轻摇动杯身约 5—10 秒，加速茶与水的充分融合。

冲茶　用“凤凰三点头”手法冲水至七分满，泡 2—4 分钟。

赏茶　赏干茶，黄山毛峰外形细扁微曲，状如雀舌，带有金黄色鱼叶；芽肥壮，多毫，均整；色泽嫩绿微黄油润，俗称“象牙色”。

品饮　闻清鲜悠长香气，看汤色清澈明亮，啜鲜浓醇厚的滋味。

（3）下投法

适宜扁平光滑不易下沉的名茶如西湖龙井、女娲银峰、紫阳翠峰等。

选具　矮阔平底无盖形玻璃杯。茶具组套。

洁具　热水用回旋斟水滚杯法温杯，提高洁净度、温度，使茶最大限度地挥发香气。

赏茶　将茶叶 3 克放置茶荷。赏龙井

四绝——“色绿、香郁、味醇、形美”。干茶色泽嫩绿微黄，外形扁平秀美，光滑平整，鲜爽逸飘。

凉汤　将壶中开水悬壶倒入泡茶壶中，使水温降至75℃—80℃。

摇香　回旋斟水手法冲入杯中开水润泽干茶。轻轻回转3—5秒，提香后闻香。

冲泡　“凤凰三点头”手法将杯中水斟至七分满，“三分情，七分茶”以表敬意，泡1—2分钟。

观“舞”　莲心、旗枪、雀舌共舞春天。

品饮　先闻鲜嫩香，又观“旗枪”舞，再啜龙井汤。

2. 功夫泡法

适宜嗜饮浓茶爱闻香的，有茶人素养、茶艺造诣、空闲时间的人泡饮。

备具　用水晶玻璃壶或带滤网的瓷壶（杯）。茶具组套。

用量　10—15克绿茶。

浸润泡　冲入少许沸水，浸润5秒。高温逼香。随闻香。

冲泡　回旋高冲手法向水晶玻璃壶或带滤网的瓷壶（杯）冲入80℃开水，依各人口味定出汤时间。约1—2分钟，将茶汤倒入玻璃壶（杯），混合稳定后斟入白瓷或玻璃品茗杯。可冲泡5—7道。

品饮　每道茶汤的色、香、味极富变化。“忙里偷闲，苦中作乐”

是功夫泡法有别于基本泡法的地方。使品饮冲泡者有清幽雅致的情怀，品茶的学养不断递增。可谓“美酒千杯难成知己，清茶一盏也能醉人”。

3. 泡茶技巧

精茶妙器，真水活火；
幽雅环境，闲适情怀；
嫩茶杯泡，老茶壶泡。
记“三要素”：茶量、泡时、水温度；
绿茶泡三道；头开二开续水要。

（二）如何泡好一杯白茶

Proper way of brewing white tea

1. 茶水比例

水多茶少，滋味淡薄；茶多水少，茶汤苦涩不爽。细嫩的白茶用量要多；较粗的白茶，用量可少些，即所谓“细茶粗吃”、“精茶细吃”。茶水比例 1 ∶ 60。投茶量：3—5 克。

2. 泡茶水温

用玻璃杯冲泡白茶时，水的温度在 70℃左右，一般在 4—5 分钟后，浮在水面的茶叶才开始徐徐下沉，观茶形，察沉浮，赏茶姿，身心愉悦。

3. 浸泡时间

白茶加工未经揉捻，细胞未曾破碎，茶汁很难浸出，浸泡时间须相对延长，

10 分钟左右方可品饮茶汤。

4. 冲泡次数

采用下投法，先注水四分之一浸润，半分钟后加满。只能重泡一次。

（三）如何泡好一壶青茶（安溪铁观音）

安溪铁观音茶的泡饮方法别具一格，自成一家。首先，必须严把用水、茶具、冲泡三道关。“水以石泉为佳，炉以炭火为妙，茶具以小为上”。

冲泡程序：

白鹤沐浴（洗杯） 用开水洗净茶具。

乌龙入宫（落茶） 把铁观音茶放入茶具，放茶量约占茶具容量的一

半。

悬壶高冲（冲茶） 把滚开的水高冲入茶壶或盖瓯，水与壶瓯齐平，使茶叶转动。

春风拂面（刮泡沫） 用壶盖或瓯盖轻轻刮去漂浮的白泡沫，使其清新洁净。

关公巡城（倒茶） 把泡一两分钟后的茶水依次巡回注入并列的茶杯里。

韩信点兵（点茶） 茶水倒到少许时要一点一点均匀地滴到各茶杯里。

鉴赏汤色（看茶） 观赏杯中茶水的颜色。

品啜甘霖（喝茶） 趁热细啜，先闻其香，后尝其味，边啜边闻，浅斟细饮。饮量虽不多，但能齿颊留香，喉底回甘，心旷神怡，别有情趣。

（四）如何泡好一壶红茶

Proper way of brewing black tea

备具 红茶茶具以白瓷和紫砂为首选，以功夫饮法为主，若用紫砂壶需搭配玻璃公道杯，利于观汤色。

赏茶 观看干茶叶的外形特征。

温壶 泡茶前用开水把壶和茶杯里外滚烫一下。

置茶　把茶叶投入茶壶（容水量约 150 毫升）内，用茶量 3—5 克左右。

洗茶　回旋手法将沸水注入壶中，使茶叶和水充分融合，便于茶叶的色、香、味、形充分发挥，并快速倒掉洗茶水。

冲茶　高冲低泡可使茶汁快速渗出；功夫红茶则可冲泡 2—3 次。

调汤　冲泡红茶的技巧之一，茶约泡 3—5 分钟，将茶汤先倒入一品茗杯观汤色后回壶，出汤入公道杯再均匀斟汤入品茗杯中。

奉茶　把冲泡好的茶汤敬给客人。

品饮　闻香细品。闻香、观色、品啜。

（五）如何冲泡普洱茶

Proper way of brewing pu' er tea

冲泡普洱茶是一门艺术，它富于变化，富有个性，富于创造，没有一成不变的“定式”。冲泡多了就有“窍门”。

1. 择器备茶

选容积宽的紫砂壶利于保持它的醇度和茶汤的亮度。白瓷厚壁大茶杯和透明玻璃公道壶便于观赏漂亮汤色。硬木、竹子或铁制作的茶刀，将茶砖、茶饼逐层拨开，使茶暴露空气中两星期“激活”茶性，再冲泡味道更好。

2. 泡茶方式

宽壶留根闷泡法适用品质较好的普洱茶。“留根”就是经“洗茶”后从始至终将泡开的茶汤留在茶壶里一少部分，不把茶汤倒干。一般“留四出六”或“留半出半”。每次出茶后再以开水添满茶壶，直到最后茶味变淡。“闷泡”是指泡的时间“慢”长。此法既能调节茶汤滋味，又可达到“茶熟香馨”的最佳境界。储藏不当而茶叶质地好的普洱茶，开汤时茶味不够纯正，但浓甜度和厚度尚可，三泡起再留根闷泡。

中壶快冲法现冲现饮，每次倒干，不留茶根。如对新普洱茶或有轻异味的茶，能除新异味，提高后几泡的纯度；对重发酵茶，避免茶汤发黑；对于苦涩味较重的茶叶，能减轻苦涩味；对机械揉捻制作晒青的普洱茶，最宜使茶味浸出。

盖碗冲泡法适宜冲泡粗老普洱茶。

3. 冲泡要素

茶与水量采用留根闷泡法，投茶量与水比例为 1 ：30 或 1 ：35；采用快冲泡法，投茶量可适当增加，调控冲泡节奏来调节茶汤的浓度。熟茶、陈茶可适当增加，生茶、新茶适当减少。一般的情况茶叶分量大约占壶身的 2/5。

泡茶水温，较粗的饼砖茶、紧茶和陈茶等适宜沸水冲泡；较嫩的高档芽茶、青饼适宜适当降温冲泡（直接降温，不加壶盖，沸水细流高冲），避免因茶叶烫熟而产生“水闷气”，将细嫩茶烫熟成为“菜茶”。

冲泡时间，陈茶、粗茶冲泡时间长，新茶、细嫩茶短；手工揉捻茶长，机械揉捻茶短；紧压茶长，散茶短。对一些苦涩味偏重的新茶，冲泡时要控制投茶量，缩短冲泡时间，以改善滋味。

洗茶一是醒茶，二是洗掉杂尘。洗茶时注意掌握节奏，忌多次洗茶或高温长时间洗茶而失茶味。

（六）如何泡好一杯黄茶

Proper way of brewing yellow tea

黄茶具有“黄叶黄汤”的特色，滋味平淡、醇和、清爽。属于轻发酵茶。这种黄色主要是制茶过程中进行渥堆闷黄的结果。冲泡黄茶

采用中投法，即将70℃的开水先快后慢冲入茶杯，至二分之一处，使茶芽湿透。再冲至七八分杯满为止。

鉴茶　从茶叶罐中取茶叶于白瓷茶荷，观形、察色、闻干茶香。

洁具　水量为杯子容积的三分之一，左手托杯底，右手轻扶杯壁，让杯中之水由左至右从杯底回旋至杯口，既消毒也温杯；擦干杯中水珠，以避免茶芽吸水而降低茶芽竖立率。

置茶　从茶荷中拨入3克茶到杯中。

闷茶　为使茶芽均匀吸水，加速下沉，这时可加盖，经5分钟后，去掉盖。

赏茶　在水和热的作用下，茶姿的形态，茶芽的沉浮，气泡的发生等，都是其他茶冲泡时罕见的，只见茶芽在杯中上下浮动，最终个个林立，人称“三起三落”，这是冲泡黄茶的特有现象。

敬茶　双手奉上，并示意客人品饮，要表现出对茶的敬意和对客人的诚意。客人在接受奉茶时，也同样回报主人这番诚意。

品饮　先欣赏茶汤、观其色、闻其叶、赏其形，然后趋热品啜茶汤的滋味。品茶时宜小口缓啜，让茶汤在口中充分与味蕾接触，体味茶的淡雅醇香。第一泡主要品茶之鲜爽清香。

再斟　当第一泡茶品至1/3量时，要及时注水，以便品尝第二泡茶。第二泡的特点是茶香浓醇，茶中的有效成分已充分浸出，汤味最佳。这时，要充分体味茶汤甘泽润喉，齿颊留香，回味无穷的特征。三泡之后，茶味已淡，香气已减。

茶博士语：

1. 一日饮茶巧安排。早餐可搭红茶，饭后半小时喝一杯绿茶，醒脑清心；上午喝一杯茉莉花茶或花草茶，芬芳怡人，可提高工作效率；午后喝一杯奶茶加点心、果品，补充营养；晚上泡上一壶熟火乌龙茶或熟普洱，排毒又助眠。一天茶总量不超过 15 克。

2. 茶饮之品四季有别。春饮花茶，夏饮绿茶、生普，暑饮白茶，秋饮青茶、黄茶，冬饮红茶、熟普。

3. 适时巧用“三投法”。根据茶叶的老嫩程度来选择不同的冲泡方法。有上投法、中投法、下投法。根据季节选择不同的冲泡方法，夏天用上投法，冬天用下投法，春秋用中投法。

4. 灵活多变泡普洱。粗老与细嫩茶，青饼与熟饼，陈茶与新茶，轻发酵茶与较重发酵茶，“苦涩底”茶（苦涩味偏重）与“甜底”都不同。传统晒青茶手工揉捻，时间较短，茶汁浸出时间较缓慢，成熟叶和粗老茶叶的滋味浸出也较细嫩茶慢，不宜快速冲泡；机械揉捻制作晒青毛茶冲泡时出味相对较快，宜快速冲泡。轻发酵或发酵适度的普洱茶，其滋味浸出速度慢于重发酵或发酵过度的茶。

三、茶艺流程
Tea arts procedure

（一）基本概念
Basic concept

茶艺流程就是泡一款茶不能靠一个岗位、一个人的技能和能力完成的工作和活动的集合。如果简单理解茶艺流程就是泡茶过程，是将输入转化为输出而规定的若干活动，它的最终目的是为顾客创造价值，价值越大，说明你的流程越有用处。

流程决定了茶艺师泡茶的程序和步骤，也厘清了茶艺师岗位职责和执行标准。流程就是执行的工具，把成功的执行经验进行归纳总结，并把它变成一套工作时的标准化行为，流程是一种合理的工作节奏。安身之本必资于食，救疾之速必凭于药。任何时候，如果做事没有规矩就肯定做不大也做不久。要做到这些既需要丰富的内涵也需要一定的形式来表现。目前比较适宜的规范的习茶表现形式之一就是茶艺流程。

（二）编写内容
Content

茶艺流程的创编要设计操作性很强的程序来表达整个流程的主旨。讲究整个过程款款有序，步步到位，充分展示茶艺师协作

细腻优美的行为艺术，彰显茶艺师富有茶的神韵和人格魅力的完美，使人们在品茶过程中得到美的享受。

1. 基本程序

Basic procedure

泡六大类茶基本程序既有共性也富有个性。编写时将泡茶的基本过程表述出来即可。无论哪一款茶都有冲泡、敬茶、收具这些带有共性的程序和具体操作步骤。同时要安排好用具、用茶、技法、场地、布局、注意事项等可操作的事宜。还要分别列出每一类茶每一款茶各自的独特之处。同属青茶类，安溪铁观音与潮汕功夫泡基本程序中就有区别处。再如需将绿茶要凉汤、红茶要调汤、功夫茶要运壶等区别处融合于整个程序中。

2. 解说词

Commentary

茶艺解说词是对茶艺师、泡茶过程、画面等进行讲解、说明、介绍的一种应用性文体，采用口头或书面解释的形式，或介绍茶艺师的经历、身份、所做出的贡献（成绩）、社会对他（她）的评价等，或就茶的性质、特征、形状、成因、关系、功用等进行说明。其作用有二：一是发挥对视觉的补充作用，让观赏者在观看茶艺和形象的同时，从听觉上得到形象的描述和解释，从而受到感染和影响；二是发挥对听觉的补充作用，即通过形象化的描述，使听众感知故事里的环境，犹如身临其境，从而达到情感上的共鸣。注重自然与文化、传统与科技、健康与时尚完美融合。

例如绿茶茶艺解说词：

第一道：焚香除妄念　俗话说："泡茶可修身养性，品茶如品味

人生。”古今品茶都讲究要平心静气。“焚香除妄念”就是通过点燃这炷香，来营造一个祥和肃穆的气氛。

第二道：冰心去凡尘　茶，至清至洁，是天涵地育的灵物，泡茶要求所用的器皿也必须至清至洁。“冰心去凡尘”就是用开水再烫一遍本来就干净的玻璃杯，做到茶杯冰清玉洁，一尘不染。

第三道：玉壶养太和　绿茶属于芽茶类，因为茶叶细嫩，若用滚烫的开水直接冲泡，会破坏茶芽中的维生素并造成熟汤失味。只宜用80℃的开水。“玉壶养太和”是把开水壶中的水预先倒入瓷壶中养一会儿，使水温降至80℃左右。

第四道：清宫迎佳人　苏东坡有诗云：“戏作小诗君勿笑，从来佳茗似佳人。”“清宫迎佳人”就是用茶匙把茶叶投放到冰清玉洁的玻璃杯中。

第五道：甘露润莲心　好的绿茶外观如莲心，乾隆皇帝把茶叶称为“润心莲”。“甘露润莲心”就是在开泡前先向杯中注入少许热水，起到润茶的作用。

第六道：凤凰三点头　冲破绿茶时也讲究高冲水，在冲水时水壶有节奏地三起三落，好比是凤凰向客人点头致意。

第七道：碧玉沉清江　冲入热水后，茶先是浮在水面上，而后慢慢沉入杯底，我们称之为“碧玉沉清江”。

第八道：观音捧玉瓶　佛教故事中传说观音菩萨常捧着一个白玉净瓶，净瓶中的甘露可消灾祛病，救苦救难。茶艺小姐把泡好的茶敬奉给客人，我们称之为“观音捧玉瓶”，意在祝福好人一生平安。

第九道：春波展旗枪　这道程序是绿茶茶艺的特色程序。杯中的热水如春波荡漾，在热水的浸泡下，茶芽慢慢地舒展开来，尖尖的叶芽如枪，展开的叶片如旗。一芽一叶的称为旗枪，一芽两叶的称为“雀舌”。在品绿茶之前先观赏在清碧澄净的茶水中，千姿百态的茶芽在玻璃杯中随波晃动，好像生命的绿精灵在舞蹈，十分生动有趣。

第十道：慧心悟茶香　品绿茶要一看、二闻、三品味，在欣赏“春波展旗枪”之后，要闻一闻茶香。绿茶与花茶、乌龙茶不同，它的茶香更加清幽淡雅，必须用心灵去感悟清醇悠远、难以言传的生命之香。

第十一道：淡中品致味　绿茶的茶汤清纯甘鲜，淡而有味，它虽然不像红茶那样浓艳醇厚，也不像乌龙茶那样岩韵醉人，但是只要你用心去品，就一定能从淡淡的绿茶香中品出天地间至清、至醇、至真、至美的韵味来。

第十二道：自斟乐无穷　品茶有三乐，一曰：独品得神，一个人面对青山绿水或高雅的茶室，通过品茗，心驰宏宇，神交自然，物我两忘，此一乐也。二曰：对品得趣。两个知心朋友相对品茗，或无须多言即心有灵犀一点通，或推心置腹诉衷肠，此亦一乐也。三曰：众品得慧。孔子曰：“三人行，必有我师焉。”众人相聚品茶，互相沟通，相互启迪，可以学到许多书本上学不到的知识，这同样是一大乐事。

在品了头道茶后，请嘉宾自己泡茶，以便通过实践，从茶事活动中去感受修身养性、品味人生的无穷乐趣。

3. 茶艺展示

Tea arts display

茶艺是一门泡茶品茶的生活艺术。编写流程时要考虑到整套流程的程序性和流畅性。又要注意如何通过态势语言和有声语言展示茶艺。尤其是态势语言的运用要恰到好处。如泡功夫茶茶艺“春风拂面”（刮泡沫）要如春风般清新、轻柔使人如沐春风。禅茶茶艺的手势开示要如法如规。

（三）衡量标准

Measure standard

1. 知茶

Understanding different tea

知茶就是要了解泡的这款茶的特性、习性和功用，按程序操作，尽可能地将这款茶的内质发挥出来。绿、黄、红、黑、白、青六大类茶，

每一类茶都有优点，也有弱点。就拿武夷岩茶来说，到目前为止还没有一个人喝遍武夷岩茶的所有品种，没有一个人喝遍所有山场生产的武夷岩茶，还没有一个人喝遍所有茶师做的茶。况且岩茶自采摘时起，它的品质就在时刻变化着。我们知道香气是茶的一个迷人特质，不同茶种、不同工艺、不同采摘时间，甚至是同一款茶泡法不一香气都会呈现各种奇妙的变化：香气是高和浓还是纯和正；是否自然让人感到舒服；有无往上、开阔的感觉等。设计一款普洱茶要有四大元素，即茶质、茶香、茶韵、茶气。明确质为本，香、韵、气为表的辩证关系。所以要简明扼要地说准属于这款茶的特点不是易事。

2. 顺茶

Suitable tea

各类茶的茶性，如老嫩、粗细、发酵的程度，烘焙炒制的水平，储存的条件各不相同，这就需要选用适宜茶性的器具、水温、泡法等。如设计肉桂的茶艺流程时就要突出“喜闻幽香”程序，注重品香。一款质优的肉桂的香气非常富有层次感，这种层次感表现在两个方面：茶入口就会“喝”到不同种类的香型。首先是火香（工艺香，好的火功产生恰到好处的火香）。其次飘来的是岩茶的品种香，也就是它真

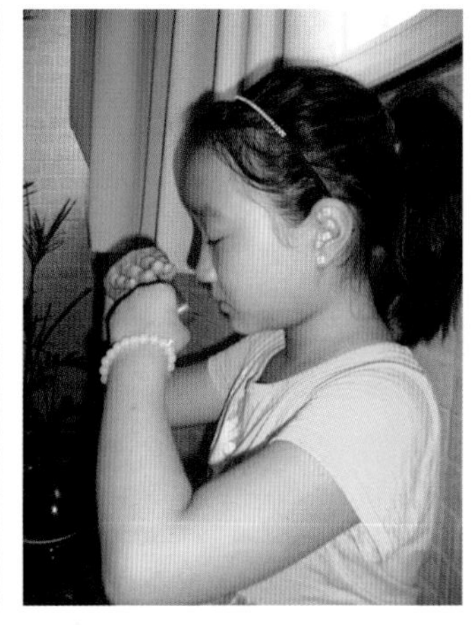

正的茶香——花果香。花香是接近兰花香的，而果香是带有一种水果的甜味、夹杂蜜味的气息，它们时而一同出现、时而交替到来。岩茶的花果香会有明显的阶段性变化。出汤后，闻杯盖香，往往同时出现多种香型，但是使劲晃动杯盖，或者 10—30 分钟后，依然清晰留在杯盖上的才是它真正的茶香，或者是这一阶段的主导香型。岩茶往往出现前段以花香为主，而后段却以果香为主导。再次，花果香中有微微“辛锐”感（肉桂的特征香）。不同香型本身也有不同的表现特征。不同香型的持续时间相差很大。花香往往最长，热闻、冷嗅，轻火、重火；或昂扬、或悠长，或清新、或浓郁。不仅持续时间长，而且无处不在、处处留香。火香往往最短，总是最先出现，也是最早消失。肉桂的“辛锐”感则往往是忽隐忽现，或稍纵即逝。这些产生了极为丰富的香气变化组合，这是岩茶的神奇美妙之处，冲泡时需顺势而为。

3 . 行茶

Tea presentation

创编的这套流程要符合茶道的基本精神，借鉴行为艺术这种自由的生命活动，

但动作不提倡难、险、奇，倡导实用、流畅、自然、圆润、和合。以茶合境、以茶合具、以茶合水、以茶合艺、以茶合人。特别强调的是茶艺师尽可能尊重茶性，减少主观对茶的干预，冲泡中展示茶应有的风采；同时茶艺师能做到：此处安心是吾乡，表达出行之而为方是道的智慧，泯灭物我对立，进入“无我”、“无茶”的境界，一切圆融无碍。

茶博士语：

1. 茶技——泡茶的技能。漂亮的汤色和茶汤的浓度均匀一致体现了泡茶的功力所在。茶技是茶艺的基础。

2. 茶艺——生活的艺术。科学地泡茶和艺术地品茶。过程美与结果美融合，“轻盈、连绵、圆融”。以艺示道。

3. 茶道——以茶悟道，以道融艺，和谐世界，天人合一。修身养性，保合全真，大济天下。

三者各有侧重，又完全相融；入门有层次，圆通无碍时。

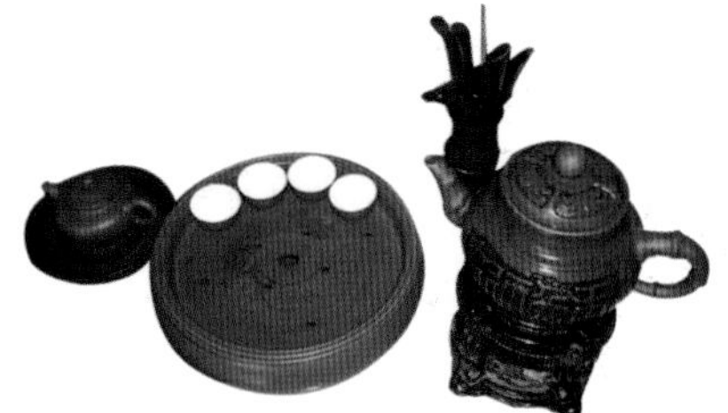

主题茶艺

Topical tea arts

一、主题茶艺的概念

Concept of topic tea arts

茶艺是按一定的范式科学地泡茶和艺术地品茶，茶人在茶事活动中得到人文方面的多样化心灵感受。同时包括茶叶品评技法和艺术操作手段的鉴赏以及品茗意境的领略等整个过程。体现形式和精神的相互统一，是饮茶活动过程中形成的文化现象。主题茶艺是通过茶艺反映的人文生活所表现出来的贯穿整个茶事过程的中心思想。也就是茶艺所显示的总的思想意义。主题是茶道构成要素之一，茶艺是茶道的载体，茶道是整个茶艺活动的核心和灵魂，是组织和反映茶事活动的纲，它在茶艺内容中处于统帅地位。

二、主题茶艺的形成

The forming of topic tea arts

每一次茶事都要有主题。每一茶艺流程都要根据各个茶的特性、活动特色、地域文化甚至时代精神设计。若没有主题，其内容就是泛泛而言，脉络不清，杂乱无序。每一次茶事活动，茶艺所反映的生活是丰富多彩的，表达的思想也是丰富的、多方面的。

茶人的茶事活动和生活经验是基础，茶人对生活的认识和理解提升主题，茶艺题材的提炼和确定升华主题。

茶事是茶艺的表现形式，是茶艺理念的实践。茶事也是茶人修行的道场，茶人修行的本分。茶事的种类很多，主人在举办茶事前都要认真挑选适合茶事主题的精茶、真水、活火、茶具、佳客、美景，并进行合理地搭配。营造清幽的意境，让神采飞扬的繁忙都市人在此情此境中心旷神怡，让心灵得到回归，茶人的生活经历和多元思维体系的建立都会提升主题。茶艺题材的多样化和科学艺术的完美搭配也会升华主题 。

三、主题茶艺的创作

Creating tea arts

代表性的有佛家《太平茶道》、道家《太极茶道》、儒家《太和茶道》。儒家尚实，天道酬勤、真水无香。中国茶道，讲究功夫，下足功夫，就能化平淡为神奇，以朴素之叶酝酿出人间琼露。佛家明心见性，敞明心，修炼性，通有无，而茶就是要人朴素、澄澈、清净。以茶助禅，以茶礼佛。佛讲慧根，因果机缘，而茶道中也暗含人生的种种玄机。茶道还更近于道家的思想。天人合一、神与物游是道的上乘境界。道家在对自然之物的静观默察中获取内在生命的启示，寻求养生之道。

茶道的最高意境也是使人与茶交相感应、合而为一，人在茶的清幽中获得宁静，茶也因为人的凝眸而获得灵性。中国最吉祥的地方——安康，以它独有的文化兼容儒释道的精华并创造性地吸收到茶道里，形成独特的安康茶艺。结合安康茶文化的特点，我们特创设了江山安康、怀让安康、早春安康三个主题茶艺，以茶会友，为主题茶艺创作提供一些思路。江山安康突出积极入世的儒家思想，怀让安康开示慈悲众生的佛家思想，早春安康融入天人合一的道家思想。共同构成安康开放的茶道体系。也可作为主题茶艺创作示例。

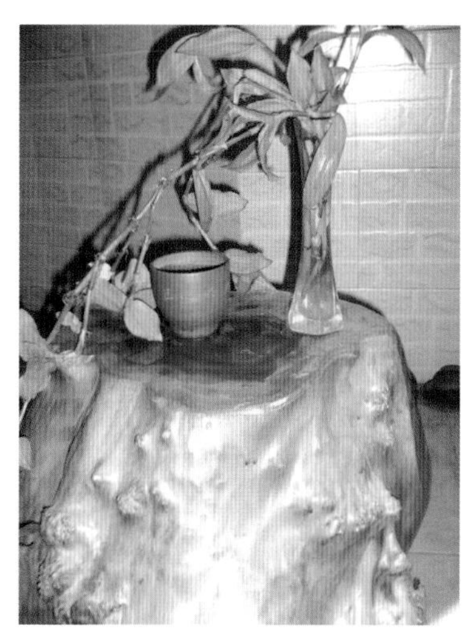

（一）江山安康

AnKang' s rivers and mountains

我们的母亲河长江养育着世世代代炎黄子孙，孕育着中华民族灿烂的文化。她的最大支流汉江年轻秀美、清纯明净。汉江奔腾不息，一会儿静若处子，一会儿动若脱兔，起伏的波浪是茶之母，青翠的群山似富硒绿茶。清水绕山，将缠绵情意渲染得淋漓尽致；峰回路转，把现代文明陶冶得如痴如醉。昂首，一片碧绿；低头，一汪湛蓝。汉江在潇洒地走入长江、融入大海的路上，留下了树林、村落和无数迷人的传说：女娲炼五彩石补天的神话、紫阳真人宫道教神奇的传说、香溪洞三教合一的圆融伟大。汉江之子安康，山环水绕，依山傍水，奇山异石，峻山飞瀑，有浓缩险、奇、幽、秀、峻为一体的自然风光，民俗文化积淀厚重，古迹庙宇、人文科学同现代文明碰撞出历史的厚重和现代的优美，有着天造地设的旅游资源和丰富鲜活的茶文化底蕴。

安康——山清水秀，安宁康泰；天人合一，久安永康。我们为大家奉上一江春水富硒茶，祈福世界和平安康！

第一道：静心——天籁声　沐浴素手后坐忘。茶人在修炼中控制意志、排除杂念，有意识地忘记外界一切事物，甚至忘记自身形体的存在，达到与“大道”相合为一的得道境界，帮助茶人入静至茶境。《庄子》篇：“‘何谓坐忘？’曰：‘堕肢体，黜聪明，离形去知，同于大通，此谓坐忘’。”大通就是道，坐忘就是得道。宋代著名词人苏轼《水龙吟》上阕云：“古来云海茫茫，道山绛阙知何处？人间自有，赤城居士，龙蟠凤举。清静无为，《坐忘》遗照，八篇奇语。向玉霄东望，蓬莱晻霭，有云驾、骖风驭。”我们坐忘，剥离一切遮蔽和障碍，排除种种迷惑和失误，直接面对事物本身，听心灵之音，融自然之声，显现真相本性。人能常清静，天地悉皆归。

第二道：煮水——中零水　燃烧无烟炭，将陶制铫罐中的水烧至100℃。水是茶之母。茶圣陆羽把汉江中泠水列为名水榜第13名，今安康水西门东50米处有石碑标记。好茶须配好水才能尽显妙韵。有诗曰：烹茶中零水，羹调勒鳠鱼。明代张源《茶录》也说：“茶者水之神，水者茶之体。非真水莫显其神，非精茶曷窥其体。”现在汉江成为我国唯一无污染的水系，安康境内有许多适宜烹茶之泉。南水北调工程也让更多的人沏茶能用纯净天然的汉江水。

第三道：洁具——温杯具　茶，致洁至清，是天涵地育的灵物，泡茶要求所用的器皿至清至洁。用开水再烫一遍本来就干净的玻璃杯，使茶杯“一片冰心”，一尘不染，一心无二。一是对客人的尊重，二是提高杯具温度以利发茶香。

第四道：凉汤——玉壶春　元杂剧的《玉壶春》唱出了茶与老百姓的紧密关系。此时我们将铫罐中的开水预先倒入晶莹剔透的玻璃壶中养一会儿，使水温降至80℃左右，适用泡安康细嫩富硒绿茶（绿茶属于不发酵茶，若水温过高，会破坏茶芽中的维生素并造成汤熟味失），真是“别有乾坤镇玉壶”。

第五道：鉴茶——女娲山　茶圣陆羽在《茶经》中写道：“茶产金州生西城，安康二县山谷。”与之相连的中国绞股蓝之乡，唐代贡品茶原产地平利，处秦岭巴山汉水，自然淳朴宁静。女娲绿茶产自女娲山古迹胜地，这里山秀峰奇，河流纵横，云雾缭绕，土壤肥沃，富含人体必需的硒、锌等微量元素，是我国江北茶叶生产的最佳区域，所产为高海拔，无污染，真品位，纯天然有机茶。栽培、加工技术先进，色、香、味、形俱佳，含硒量2.26PPM，氨基酸3.86%，茶多酚22.1%，水浸出物44.8%。2002年在中国西部名茶博览会上获得金奖，2003年荣获“中茶杯”一等奖。经农业部茶叶质量检验中心抽样检测，完全符合国家有机食品茶叶标准。女娲绿茶外观全芽匀齐，翠绿纤毫，口味鲜淳清爽，香气浓郁持久，汤色嫩绿明亮，叶底幼嫩成朵。有诗赞：“女娲遗踪中皇山，天赐圣物彩云间。陆翁斯地品香露，神醉飘然称茶仙。”

第六道：置茶——真人宫　用茶匙把茶荷中绿茶拨入冰清玉洁的玻璃杯中称为置茶真人宫。安康紫阳仙人洞真人宫，山高林密，水流潺潺，是道教南派创始人张平叔修炼之处。他凿洞面壁，修炼内丹，诞生《悟真篇》，开现代内功之先河。这里风景秀丽、环境幽雅，游人如织，达到“真人得道乘风去，游客慕名过江来”的盛景。此乃闹中有静，静中真静，如此清静，渐入茶道。

第七道：润茶——润莲心　安康细嫩富硒绿茶外观如莲心。乾隆皇帝把茶叶称为“润心莲”。我们借此润茶。在开始泡茶前先向杯中注入少许开水，一是高温逼香。浸润的绿茶从杯中散发出阵阵清香，幽幽入鼻，满室生香，沁人心脾。二是起到润茶的作用。

第八道：冲茶——三点头　冲泡绿茶时讲究高冲水，在冲水时玉壶有节奏地三起三落，波浪滚滚，三次向客人致意。寓意人在道中，道在人中。中华民族的根脉文化鼻祖老子在《道德经》中说：道生一，一生二，二生三，三生万物。“三”就是事物阴阳两个方面的属性及平衡力量；“中气以为和”，在阴阳此消彼长中取得动态的平衡即是和谐发展之道。“三起三落”的冲水演示出道立足于生活，利益于生活，圆融于生活，给人们提供一种生存的智慧，引导人们妥善处理好生活中的各种问题，从而获得圆满的人生。道永不停息地生化万物，人生可贵，生命神圣，人生的意义和价值就在于使大道赋予我们的生命得到完满的实现。人生宇宙天地间，得其钟秀之气而最灵，自觉调和生命中之阴阳，就能返本复初，与道合一，生生不已。达到“三生”有幸：健康一生、智慧一生、成功一生。

第九道：赏茶——观茶舞　观茶舞是绿茶茶艺的一大特色和亮点。绿茶水中茶舞确实让人着迷。浸润后的绿茶，色香形随着三起三落的

冲水随波晃动，变化无穷，摇曳多姿。充分领略安康绿茶的天然风韵，称为“赏茶”。透过晶莹清亮的茶汤，观赏透明玻璃杯中细嫩绿茶在水中缓慢舒展的姿态、沉浮、游动、变幻过程，称为“茶舞”。绿茶冲泡时雾气氤氲，玉杯飘烟，缥缈是绿茶舞的序曲，再看泡好的茶芽竖立悬浮，根根向阳，继而徐徐下沉簇立杯底，碧波荡漾，千姿百态。“莲心”润甘露，春波展“旗枪”，汉水哺“雀舌”，似水中盆景，好像富有生命的绿精灵在翩翩起舞，使人联想起忍不住要朗诵朱自清的散文《春》。茶汤逐渐变绿直至春染碧绿水，整个杯子好像盛满了春天的气息。鸟语花香春姑娘，和风细雨柳絮扬。杯中看舞蹈，安康赏茶艺。

第十道：奉茶——春独早　茶艺师把泡好的茶敬奉给客人。碧绿、黄绿的茶汤让客人仿佛沐浴在春天里。新茶产自春天。“春雨惊春清谷天”，安康绿茶清明前采摘新芽，这是春天的第一道新绿，沐浴着春雨，舒展开来汇聚成绿烟，如诗如画。这时候茶向人们传递的不仅仅是一种心旷神怡的滋味，还有春语春情、逢春话茶。大自然赋予了紫阳山水以灵气，叶世倬“自昔关南春独早，清明已煮紫阳茶”的诗句，就是当时紫阳茶盛名远扬的真实写照。《三秦贡茗符灵章》（岸人）云：“秦岭紫阳香毫，余香袅袅，淳纯留蕴。琼丝落杯，君品米仓香馥绿；香毫浮盏，伊尝紫阳芽……唐次岁贡，久享盛名。”2009年2月28日紫阳富硒茶统一商标“春独早”，荣登央视品牌资讯榜，为安康的发展锦上添花。

第十一道：茶歌——上茶山　紫阳是“中国民间艺术之乡”，2001年被国务院列入首批非物质文化遗产保护名录中。民歌文化源远流长。《诗经》中的“周南”、“召南”等25首歌谣就流传于紫阳一带。“大街小巷茶飘香，山山岭岭歌飞扬”。品茶听茶歌是安康茶道最具地方色彩和丰富内涵的一大标志。“三月鹧鸪满山游，四月江水到处流。采茶姑娘茶山走，茶歌飞上白云头。”“幺妹生得嫩花花，活像一棵清明茶。人人见了人人爱，伸手就想摘一把。”“前年同哥喝杯茶，香到去年八月八。不信你到妹家看，窗前开着茉莉花……” 采茶对歌是紫阳人的习俗，也是安康茶乡一景。女娲山上同样飞出动人的茶歌。“满坡嫩芽张笑脸，三月春风满茶山。姐采白云一朵朵，妹采仙茶到人间。”旬阳的民歌也唱茶：“韭菜开花细茸茸，有心念郎不怕穷。只要二人情意好，汉水泡茶慢慢浓。”听安康茶歌，品富硒绿茶，朝气蓬勃，天然有趣。别具一格，令人神往。

第十二道：谢茶——吃茶去　品赏完绿茶后要向热忱好客的茶艺师表示感谢。向“臻天地之灵气，采日月之精华”的绿茶道谢 。天下大恩 ，感恩天下。感恩茶，感怀天地，惠天地甘霖；感恩父母，品味恩情；感恩世界，以感恩的心面对社会，以包容的心和谐自他，以分享的心回报大众，以结缘的心成就事业。觉悟人生，回馈有情。“吃

茶去”是禅师茶人们的金科玉律，成为人们千百年来参悟不断的话头和实证。唐高僧从谂禅师无论是未曾到、新到，还是院主，都统统让他们“吃茶去”，茶正是大师平常心所在。 大师并非要你直接吃茶而是要你“悟道”。茶正好体现了这种精神，它平平常常，自自然然，毫无神秘之处。却又是世俗生活中不可缺少之物，有了它，“春有百花秋有月，夏有凉风冬有雪；若无闲事挂心头，便是人间好时节”。茶之为物，可悟道见性；物又超物，是悟道的机锋；它有法而又超越法，自在无碍，不需强索。“吃茶去”智慧的禅机和深刻的意境对中国茶道的形成产生了重大影响，构成了“茶禅一味”的圆融境界。悟与不悟，还得“吃茶去”。我们一起尽杯谢茶 ，祝福祖国江山安康，祝福世界江山安康!

（二）怀让安康

Huai Rang Chan Buddhism in Ankang

佛理禅机渗透了中国茶道。怀让安康禅茶茶艺适用于修身养性,强身健体，大济天下。我们这套禅茶茶艺共十五道程序，以相应的手势启迪开悟。希望大家能放下世俗的烦恼，抛弃功利之心，以平和虚静之心，来领略“茶禅一味”的真谛。“一尘不染清静地，万善同归般若门”。在饮茶的实践中体悟出茶道就是回家的道。

第一道：顶礼——焚香顶礼　焚香。礼佛、礼天地、礼众生。合掌。同时播放《心经》等梵乐或梵唱，让幽雅庄严、平和的佛乐声和美妙的焚香合成一只温柔的手，把我们的心牵引到空阔无边又真实不虚的境界，安住当下，静心吃茶。

第二道：禅定——磨砖作镜　静坐有助用心泡茶。心静万象和。“磨

砖作镜”源自宋·释道原《景德传灯录》。指怀让点化马祖道一的故事。禅无定法，静能生慧。

第三道：茶挂——一期一会　茶挂在茶会中的精神意涵非常。背景设置“一期一会”字画，营造出一种“一期一会、难得一面、世当珍惜”之情境。一期，是指人的一生；一会，则意味着仅有的一次相会。茶人的每一次相会都被视为今生今世仅仅一次的相会。“一期一会”的茶道精神更让我们学会珍惜生命中的一切。思考人生的离合、无常，使参者的精神境界接受一次洗礼，达到更高的状态——冥想中的涅槃。通过对“一期一会”这种难得缘分的珍惜，鼓励珍惜人和人之间的情谊，重视与每一天的缘，与每个人的缘，进而发奋思进。

第四道：备具——五灯会元

我们调和五行精气于一身，以正配五气，用五个茶盏，围着用五色土做成的紫砂壶，合“五灯”为一体，借“五灯会元”集禅宗世系源流为宗，万法归一。

第五道：煮水——缘起缘灭　佛真生我静，水淡发茶香。泡茶须用净水且烧至初沸。净水代表清净一切杂染，生出清凉大智慧泉。水在随着因缘初沸而在天地海之间流转变化，利养万物，又不执著万物，与万物和合，随缘起灭。从渐渐烧沸的水中去感悟人生的苦短以及生命的精彩。

第六道：洗杯——法眼见道　洗杯时转动的杯子似法眼无限，洁净整个世界，回归生命的本源 。法眼见道出自怀让禅师开示马祖道一语。道一问曰：“道非色相，云何能见？”师曰：“心地法眼，能见乎道，无相三昧，亦复然矣。”

第七道：赏茶——一花五叶　“一花开五叶”公案源自菩提达摩。中国硒谷安康茶花五瓣，中国文化五行相生相克；安康富硒茶嫩绿成朵，饮用广泛；安康文化精彩纷呈，包容世界。兼融儒释道，康泰安宁地。

第八道：投茶——灵芽入宫　唐·柳宗元《巽上人以竹间自采新茶见赠酬之以诗》：“复此雪山客，晨朝掇灵芽。”将茶叶称为灵芽。灵芽入壶，原本自然， 世间诸法，源于自然。

第九道：注水——醍醐灌顶　佛法无边，润泽众生，泡茶冲水普降甘露，使人“醍醐灌顶”，心生善念，由迷达悟。

第十道：泡茶——顶天立地　壶里泡茶，刚柔相济展旗枪，顶天立地弥勒佛。弥勒佛“大肚能容，容天下难容之事；开口便笑，笑世间可笑之人。” 大肚泡茶，大慈悲、大忍性、大智慧。

第十一道：分茶——慈海导航　分茶入杯，点点滴滴润心田；慈海导航，芸芸众生普受惠泽。

第十二道：敬茶——普度众生　禅宗六祖慧能有偈：“佛法在世间，不离世间觉，离世求菩提，恰似觅兔角。”菩萨是上求大悟大觉——成佛；下求有情有义——普度众生。

第十三道：闻香——说似一物　安康富硒绿茶香幽、缥缈不定的嫩香、毫香、鲜香、清香、花香、熟栗香、绿豆香“说似一物即不中”，而每一缕飘香却真实地沁人心脾。茶香蒸腾的袅袅清奇之气——可闻不可触，犹如佛禅之音只可意会，不可言传。公案源自南岳怀让。无

住生心，净污两无。

第十四道：品茶——禅茶一味　无上禅意，尽在茶汤；无味茶汤，满是禅意。通过茶去领悟禅。喝茶静心，放开心灵，调动诸觉，感悟交融。没有杂念的当下，无一丝杂念的心态就是禅境。日本茶道宗师千利休曾说过：“须知道茶之本不过是烧水点茶”。“不过是”三字不正是禅之于茶最简洁、传神的明示吗？禅味与茶味相通并且以禅意去品茶味。只有像修禅那样品茶才能品出真正的茶香。品茗需静心，有苦甘，要平凡，须放松。参禅需静心、解脱苦、放得下、悟大道。演仁居士有诗最妙：放下亦放下，何处来牵挂？做个无事人，笑谈星月大。愿大家都做个放得下，无牵挂的茶人。当下看世界天蓝海碧，柳绿花红，山清水秀，日丽风和，月明星朗，吉祥安康。

第十五道：谢茶——感恩圆缘　谢茶让我们相约感恩世界，共同拥有一颗感恩的心。到唐代高僧怀让大师亲自修建的万春寺参禅品茗，神往安康这一世界级文化名人的风采，感恩源流，回归本源。往生的中国佛教协会会长赵朴初说：“七碗受至味，一壶得真趣，空持百千偈，不如吃茶去。”我们品茶冷暖自知，而茶也因遇到知已光彩焕发。常怀一颗感恩的心，感谢一杯热茶，每一个人，每一件事，每一棵草，每一朵花。“一粒米中藏日月，一叶茶中蕴天地。”佛法佛理就在生活琐事之中，佛性真如就在本来清净的自性中。

（三）早春安康

Early spring in Ankang

中国茶道吸收了儒释道的思想精华。中国茶道演示最早出现于我国南北朝时期道家的太极茶。史料说："茶，始于道教，北朝关令尹喜，首献老子茗……后用于斋醮供祭之事。"南朝陶弘景说"苦茶轻身换骨"，西汉壶居士在《食忌》中说："苦茶，久食羽化"，都与道教得道成仙、羽化成仙的观念有着内在的联系，道家使茶成为文化生活的一部分。安康是王重阳早期栖鹤之地，各种文化受其所创立的全真教的影响很大。道家的学说又给茶道注入了"天人合一"的哲学思想，赋予茶道灵魂。这道茶艺流程抱元守一，留春一味突显中国根文化。

第一道：息心——栽一抱素 用息心止念法入静 。动一分妄念，则损一分真气；多一分清静，即添一分元阳。唐·皇甫曾《赠鉴上人》：息心归静理。熄灭杂念，固守素志，元神归位，生长智慧。达到心中无一物，乾坤自在闲的泡茶境界，从容不迫地走进早春安康。

第二道：候汤——一江清水 一江清水是安康的福祉。安康杰出的诗人刘应秋在《谢高先生赐新茶》中说"清泉沸目正如鱼"。安炉立鼎，从茶壶"中零水"沸声中听到自然的呼吸，以自己的"天性自然"去接近，去契合客体的自然，彻悟茶道、天道、人道。

第三道：赏茶——玉蕊一枪 安康富硒明前绿茶五万芽头成一斤。

芽体整齐饱满，紧紧相裹，含苞欲放。冲泡后倒立杯中，根根向阳。传说吕洞宾斗茶擂鼓台得金州茶芽，赞“ 玉蕊一枪称绝品”，“宁当凡人不做仙”。

第四道：烫杯——三才合一　用烧开的沸水烫净盖碗。盖碗盖为天，托为地，碗为人，天大、地大、人更大，合一为三才。道家崇尚自然朴素，重生、贵生、养生，追求“三才合一”，空灵无我，以致达到“无已”、“无为”的境界。

第五道：投茶——仙茗一芽　将安康富硒绿茶芽拨入洁净的盖碗。芽叶嫩壮匀整，白毫显露，色泽嫩绿，香高持久。富硒茶一杯，只留春一味的神奇可追溯到明代。弘治七才子之王九思在《金州州守惠茶赋谢》说“仙茗自金州”。

第六道：洗茶—— 一尘不染　高冲水后迅速倒掉尘水。让茶如宋·张耒在《腊月小雪后圃梅开》中所说 ：“一尘不染香到骨，姑射仙人风露身。”让人排除物欲，身心纯洁，心境清净，一尘皆不着染。

第七道：冲茶—— 一心一意　泡茶时要一心一意，专心致志，一门心思地冲泡当下的茶，分神就会破坏茶水的滋味 。在茶里了悟人生，在每一个当下达到身、心、意合一的根本。从而找到清净无染的“道”本性，我们人类的本性、所有众生的本性都是一体的，都是大自然的产物，从而学会观察自然界，遵循自然规律，最终找到人类生命旅程的自然法则——道法自然。

第八道：闷茶——万法归一　将三个盖碗中茶闷好。茶、器、人、境四位一体。道家三清祖师说自然本万物之源，道有前条，自取其一。皆通自然，是为归一。就是老子发现的宇宙法则“道生一，一生二，二生三，三生万物”的实象。

第九道：闻香——玄关一窍　闻香开窍，闻香通灵。“玄窍开时窍窍开。”闻香时虚极静笃、元神显露，元精亦随其发动之机的景象立论。紫阳真人张伯端：“盖虚极静笃，无复我身，但觉杳杳冥冥，与天地合一，而神气酝酿于中，乃修炼之最妙处，故谓之玄关一窍。”

第十道：品茶——清苦一家　品茶投香，安神真昧。品茶的过程，是悟道的过程，饮茶可得道。品茶为自然通物，道家在借助物我对立的时空里，力图把深奥的哲理融解在淡淡茶水中，使人们在日常平凡的生活琐事中去感悟人生大道。达到契合自然、心纳万物的境界。如清代安康诗词名人胡钧在《和张广文留别诗》中品茗完后说：“心比朝葵向太阳”。也如清·乾隆《雨夜煎茶》所云，“清苦原来是一家”。简淡中求庄重，平实里修尊严。

第十一道：谢茶——一元伊始　“尘心洗尽兴难尽”，谢茶谢天地，让我们的生命归根复命。一为万物之源，出于大道，入于人间；一元伊始，生生不息，日新又新。道家重人生，乐出世。热爱生命，守一不移，追求永恒。坚信人是自然的一部分，人的生存须顺其自然地利用物的自然属性。安康人品茶“茶汁富硒啖七碗，回味无穷吐真言”，

契合自然。产生“物我玄会”的绝妙感受，使自己的心性得到完全解放，心境得到平和气舒，心灵随茶香弥漫与宇宙融合，升华到悟我无为，至极太和的境界。生命不息，万象更新。

茶博士语：

1. 主题茶艺内容广泛，是表现一定主题的现实生活的社会系列，突出实用美、生活美、艺术美。

2. 创意与创艺结合，时代性与地域性统一，文化因素、传统审美和现代美学为一体。

四、生活茶席创设

Design of life tea arts

茶席是泡茶喝茶的平台。即品茗的环境或空间。品茗的茶席可以使人守静、养静，茶席的营造，使人们产生一种对美的崇拜，寄托了人们对茶的期许。茶席，就是茶人修身养性的一片天地，一个自我完善的空间，一个相互通感的宇宙。一席茶，犹如苍茫大地上的万物生长，有着自身的规律，有着各自的轨迹。洗涤世间烦恼，通过茶的精神况味引领人们进入自由自在的境界，也折射出了茶的悠然本性，茶人合一的天性，一席茶不仅要看起来美，更要符合泡茶的潜在规律，符合泡茶的整个流程。大道存于自然，矫揉造作的美绝不是真正的美。茶席的一花一器，一煮一饮，无不体现出茶人对于自然之道与个人之行的深刻的理解。参与茶席的雅趣就是享有闲适优雅的人生。茶席需要建筑、绘画、插花与香道等元素的融合。在这里，我们特意设计了

21 款生活茶席，期望以此来展示精致、优雅、个性的茶道生活，期望引领饮茶人进入茶的原乡。

第一款：绿 韵

第二款：天 路

第三款：春 生

第四款：放 生

第五款：重 生（涅槃）

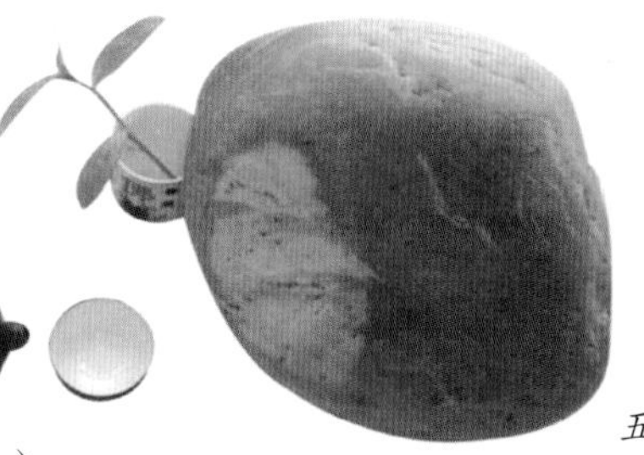

五

第六款：中西合璧（圆融）

第七款：向死而生

第八款：五 行

第九款：汉江石

第十款：心灯

第十一款：青花瓷

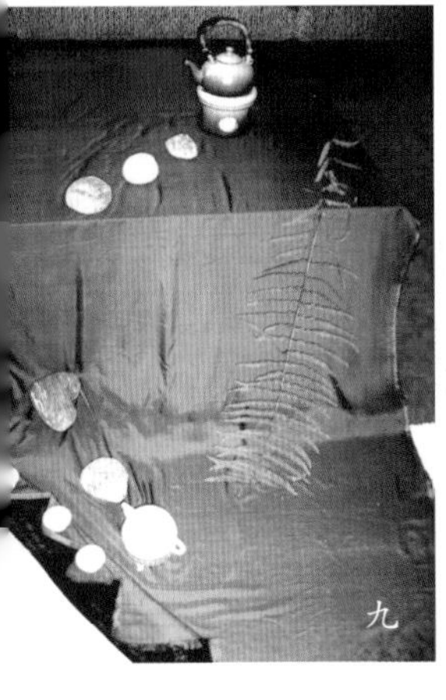

第十二款：不生不灭

第十三款：我思我在

第十四款：红颜知己

第十五款：谦谦君子

第十六款：菊花台

第十七款：清 廉

第十八款：蓝领崛起

第十九款：最浪漫的事

第二十款：龙行天下

第二十一款：茶道——回家的道

十七

茶博士语：

1. 茶席创设不是生产，而是对生活的体验与感受，是能诠释美学，有文化内涵和艺术生命力的灵魂作品。

2. 既要养眼，又要养心。有玩味又有品位。

3. 搭配讲究适合度、整体的细腻度，布局体现实用性和视觉美。

十四 十五 十六 十八 十九 二十 二十一

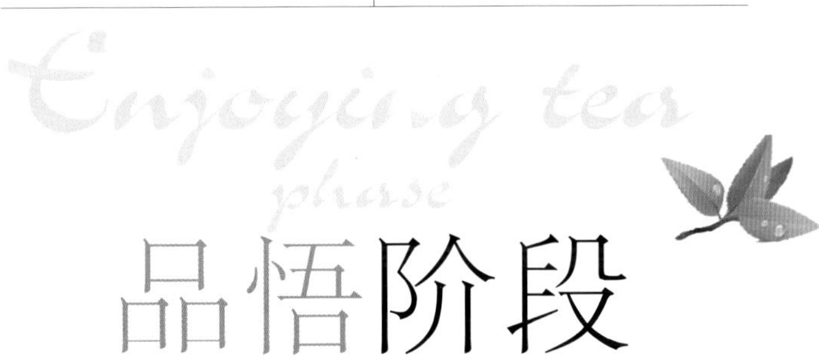

品悟阶段

中国茶人崇尚契合自然、超凡脱俗的生活方式。

六大基茶的品饮要点

Key points of enjoying six kinds of tea

中国茶人崇尚契合自然、超凡脱俗的生活方式。

茶生于山野峰谷之间，孕育于日月天地之中，远离尘埃，亲近自然。茗家煮泉品茶调和茶与水，平衡人和境，领略清风、明月、松涛、竹韵、兰花、雪霁尽在一盏一壶、一品一饮、一举一动、一知一遇的微妙变化之中，进行高层次审美探求，追求无极的生活品位，体现和合的茶道精神。品茶，是一门综合艺术。它赋予了一种简单生活的精神性功能，“道”也就自然而然形成。品茗，涌一泉智水，流出宝藏，让玄思顿悟生慧，法乳，禅流，无宠无辱，刹那间窥见万物的神奇造化。真正的品茶人从来都不会因境地而变心，一如地精进，一如地宽容，一如地造化。真正的

心声令内心不再纠结回到喧嚣。无论是泡一壶厚重的老枞，或闻一杯观音的兰香，还是品一口富硒绿茶的韵长，心境都会如汉江清绿如一，上善若水，蜿蜒流淌，虚怀若谷，汇纳百川。

品茗最关键的是开汤品赏。通常分四个步骤，基本程序为：

第一步：欣赏汤色　从“三度”（色度、亮度、清浊度）辨别茶汤颜色深浅、正常与否、茶汤暗明、清澈或浑浊程度。茶汤色瞬息万变，要及时欣赏。

第二步：嗅闻香气　鉴赏茶叶香气的因子，通常包括纯度、高低、长短等。闻嗅香气如果采用杯泡，茶汤倒出后，一手握杯，一手掀杯盖，半开半掩，靠近杯沿用鼻轻嗅或深嗅，反复闻嗅，但每次嗅的时间不宜过长，一般掌握在3秒钟左右（嗅茶香的过程大致是：吸一秒—

停半秒—吸一秒），以免影响嗅觉灵敏感。杯盖不要离杯，每次嗅过后随即盖上，避免杯中香气飘散，以便反复闻嗅鉴别、欣赏香气。

第三步：品啜味道　主要鉴赏浓淡、强弱、鲜爽、醇和、纯正等，品味要将茶汤吮入口内，不咽下喉，用舌尖打转两三次，巡回吞吐，斟酌茶的味道。每一品茶汤的量以5毫升左右最适宜。每次在3—4秒内，将5毫升的茶汤在舌中回旋2次，品味3次，就是"品"的过程。

第四步：评看叶底　将泡过的茶叶倒入叶底盘或杯盖中，并将叶底拌匀铺开，观察其嫩度、匀度、色泽等。也可将泡过的茶叶倒入漂盘中，将清水漂叶进行观察。

一、绿茶雅韵

Elegant green tea

自然正雅、清纯韵致是绿茶的品饮要点。

（一）干品

Dry tea

形状　千姿百态。芽峰显露，紧秀显苗、光滑光扁、造型秀美、细直挺秀。

色泽　好的干茶有绿润、翠绿、嫩绿、深绿、墨绿、起霜、银绿、青绿。

整碎　匀整、匀齐、匀称。上中下三段茶的粗细、长短、大小较一致，比例适当，无脱档。

匀净　不含梗朴及其他夹杂物。

（二）湿品

Wet tea

观汤色　欣赏茶叶在冲泡时上下翻腾、舒展之过程，茶叶溶解情况及冲泡沉静后的姿态。绿艳、清澈明亮、清汤绿叶是绿茶的感观品质特征。浅黄、深黄、红汤黄暗、青暗次之。

嗅香气　鉴赏茶叶冲泡后散发出的清香。鲜嫩、鲜爽、清高、清香、花香、熟板栗香。香气持久馥郁。

尝滋味　滋味醇厚、爽口回味好，不苦不涩、鲜浓、富收敛性。有熟闷味次。

看叶底　碧绿青翠、鲜艳绿黄较好。露黄、灰黄、枯黄、灰暗、灰褐次之。

二、青茶神韵

Verve Oolong tea

自然传神，韵味深远是青茶的品饮要点。

（一）干品

Dry tea

形状　茶条叶端卷曲，状如蜻蜓头，肥壮紧结。

色泽　砂绿似蛙皮绿而有光泽。枯燥次之。

整碎　匀整、匀齐、匀称。

净度　不含其他夹杂物。

（二）湿品

Wet tea

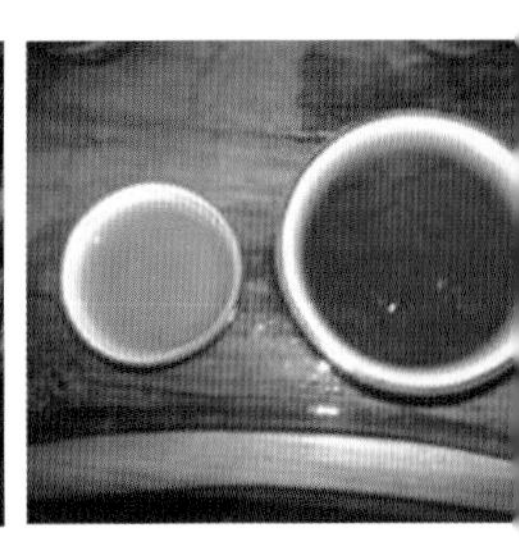

观汤色　金黄、清黄、橙黄。红色次。

嗅香气　岩韵、音韵、浓郁好。闷火、猛火次。

尝滋味　清醇、甘鲜好。粗浓次之。

看叶底　肥亮、软亮、红边、明亮鲜艳好。暗红张、死张、硬挺次。

三、红茶风韵

Charm black tea

风度秀挺、万种情思是红茶的品饮要点。

（一）干品

Dry tea

形状 毫尖、紧卷好。折皱、粗大、细小、筋皮、毛糙、轻松次差。

色泽 褐黑、栗褐、栗红好。泛红、枯红、灰枯。

整碎 匀整、匀齐、匀称。

净度 不含其他夹杂物。

（二）湿品

Wet tea

观汤色 红艳似琥珀色，鲜艳明亮，金圈厚而艳、红亮、红明、冷后浑、姜黄、粉红好。浅红、灰白次。

嗅香气 鲜甜、高甜、焦糖香、甜和、高锐、果香、麦芽香。

尝滋味 浓强、甜浓好。浓涩次。

看叶底 红匀、紫铜色好。乌暗、乌条、花青次。

四、黄茶灵韵

Nimbus yellow tea

独一无二、光晕光亮是黄茶的品饮要点。

（一）干品

Dry tea

形状　扁直、肥直、芽头肥壮挺直，满披白毫、形状如针好。梗叶连枝、鱼子泡次。

色泽　金黄明亮、嫩黄光亮、芽头肥壮，芽色金黄，油润光亮好。褐黄、青褐、黄褐次。

整碎　匀整、匀齐、匀称。

净度　不含其他夹杂物。

（二）湿品

Wet tea

观汤色　黄亮、橙黄。

嗅香气　嫩香、清鲜、清纯焦香、松烟香。

尝滋味　甜爽、甘醇、鲜醇。

看叶底　嫩黄、肥嫩。

五、白茶清韵

Harmonious white tea

淡泊清新、宁静蕴藉是白茶的品饮要点。

（一）干品

Dry tea

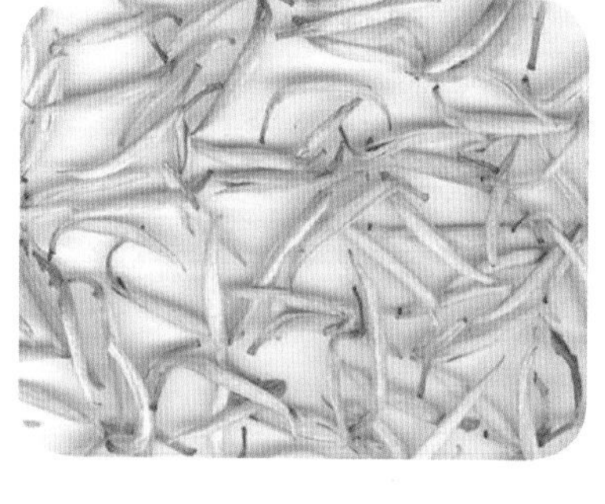

形状　毫心肥嫩壮大，茸毛洁白、富有光泽好。芽叶连枝、叶缘垂卷、平展似铁色带青次。

色泽　显绿，灰绿好。铁青、腊片、破张次。

整碎　匀整、匀齐、匀称。

净度　不含其他夹杂物。

（二）湿品

Wet tea

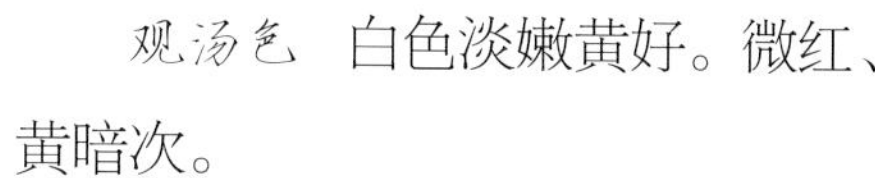

观汤色　白色淡嫩黄好。微红、黄暗次。

嗅香气　嫩爽，活泼、爽快的嫩茶香气。毫香、鲜纯蜜香好。失解、有酵气差。

尝滋味　偏淡清甜、入口感觉

清鲜爽快，有甜味、醇而鲜爽，毫味足、陈银针醇厚滑顺。

看叶底　黄绿好。红褐、黯黑差。

六、黑茶气韵
Splendid dark tea

一气为始、生气灌注是黑茶的品饮要点。茶越自然，其气越正。

（一）干品
Dry tea

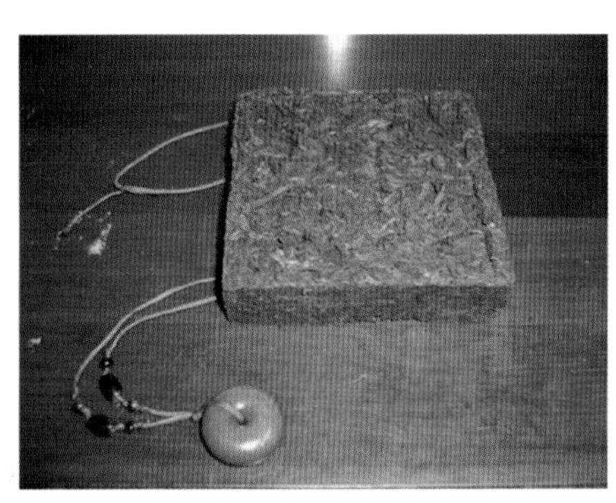

形状　泥鳅条、端正、纹理清晰、紧度适合、平滑、有金花好。缺口包心外露、烧心次。

色泽　乌润猪肝色好。褐红、半筒黄、青黄、棕褐、黑褐次。

整碎　匀整、匀齐、匀称。

净度　不含其他夹杂物。

（二）湿品

Wet tea

观汤色　橙红、红艳好。棕红、棕黄、红黄、红暗差。普洱茶的汤色被比喻为“陈红酒”、“琥珀”、“石榴红”、“宝石红”。

嗅香气　陈香、菌花香。

尝滋味　陈醇好，粗淡差。

看叶底　红褐好，黄黑次。

瀹茶小记

Enjoying tea

一、富硒绿茶（2004明前茶）

Rich-selenium green tea in the spring of 2004

时间：2005年3月8日

地点：心源茶室

插花：柳条一枝

煮水器：电磁茶炉

用水：化龙山泉，储陶瓮中一天

茶品：八仙云雾茶（八仙茶师手工制作）

瀹茶器：台湾建窑莲花白瓷碗

投茶量：3克

冲瀹法：下投

外形：细秀绿润，微卷，芽披白毫

汤色：黄绿清澈明亮

香气：栗香，薯香、清香中蕴含兰香

滋味：醇厚，微涩后回甘1小时不散

茶韵：喉间韵长，无味至味

叶底：肥软细嫩绿黄

二、20年大红袍（时间不同会产生不同的味道）

20-year Da Hong Pao tea

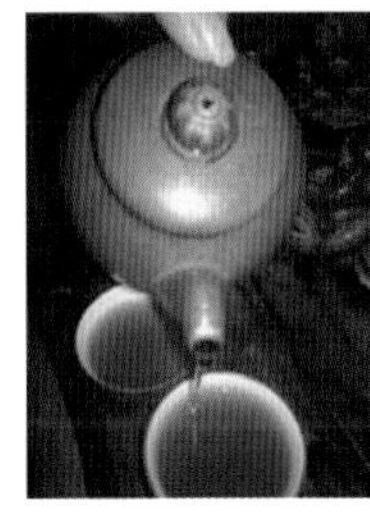

时间：2006年10月3日

地点：六惜阁茶室

插花：一簇野菊

煮水器：陶土茶炉（用橄榄核烧炭）

用水：南宫山泉

茶品：20 年正岩大红袍（牛栏坑）

瀹茶器：宜兴紫砂壶挂釉杯

投茶量：壶身 1/2 茶

冲瀹法：母子壶泡法

外形：乌褐色，匀正油润，嫩度高，条索匀整饱满，粗细一致，碎末少

汤色：橙红

香气：熟香型（足焙火）、花果香、奶油香

滋味：无明显苦涩，有质感（口中茶汤感觉有黏稠度），润滑，回甘强劲，回味十足。

茶韵：岩韵

叶底：乌黑油润有弹性

一汤：酒红、烘焙香、蜜香、萝叶香、花果香、桂香突出，较张扬，入口微涩，有颗粒感，岩骨铮铮，后转绵柔悠长。

二汤：橙红、参香、米汤香、竹叶香、花果香、腊梅香、入口甜顺、茶气足、回甘带清凉感。

三汤：橙红、蜜糖香、花果香、奶油香、醇厚滑顺甜齿回甘强烈。

四汤：橙红、汤香层层密布，不突出单一香却样样俱足，协调平和。骨肉匀等，舌底涌泉、喉甘、气通、清凉感沁入心扉。

五汤：橙黄、檀香、甘草香温和通空之后开煮。开汤，茶汤酒红，参香浓郁，茶气转烈，回甘直入胸肺，冰甜感强烈，体感明显。再煮，

参香转药香、木香，回甘较前泡更强烈，后背出汗，陶然熏然。满屋异香。放置 24 小时后见汤色橙红。

三、1990 年普洱熟沱

The compressed mass of Pu'er leaves of 1990

时间：2007 年 12 月 16 日

地点：心斋茶室

插花：松枝一束

煮水器：紫砂茶炉、生铁壶

用水：双龙山泉

茶品：1990 年普洱熟沱

瀹茶器：陶土壶、白瓷杯

投茶量：壶身 2/5

冲瀹法：宽壶留根闷泡法

外形：沱形圆整边有疏松，色深栗，乌润褐红

气味：枣香、樟香，古朴精美

汤色：枣红色，有油膜感，色调柔和温暖

香气：纯和陈香，透、沉、持久，有古拙感

香气走向：枣香—枣香中有（花果香—樟香—木香—檀香）— 枣香

滋味："咬"一口茶汤，牙缝里有微微"胶"感，入口较顺滑—爽滑—甘滑，柔和—醇和—软和，口感层次多，油润、浓郁、浓厚、绵甜、甘醇、较"酽"，黏稠，化、活、强回甘。喉感甘、甜、润。质重饱满，滋味浓烈，绵密厚实，醇厚稳健。

茶韵：陈韵生动， 甘韵强而集中于舌面，有层次变化，不确性更丰富，有沉重的历史与文化沉淀。沉而不重，稳而不滞之妙。

叶底：褐红偏黑；肥亮，叶质有柔韧感。

茶博士语

分步品饮法：

端杯嗅香 嗅汤面香，判断类别和程度。

调整呼吸 保持敏锐的嗅觉。

咀嚼茶汤 饮汤一小口，舌头搅动两三下或让汤到舌面吸气判断其黏稠度、柔和度、融合度。

自然吞咽 不用任何力量让茶汤过喉，体验舌后部和过喉的感觉，评估汤水粗细、甘滑。

醍醐灌顶 闭住嘴，从鼻腔将气直灌头顶慢慢回气，注意其有无喉感并评估其深度和程度类别。

静心回味 体验口腔中各个部位的触感，苦涩味，收敛性，回甘程度。

品悟茶道的层次

Understand the meaning of life from drinking tea

茶文化有四个层次：物态文化、制度文化、行为文化、心态文化。将茶当饮料解渴，大碗海喝，称之为“饮茶”。注重茶的色香味，讲究水质茶具，能喝出品位，可称之为“品茶”。再讲究环境、气氛、音乐、冲泡技巧及人际关系；在茶事活动中融入哲理、伦理、道德，通过品茗来修身养性、陶冶情操、品味人生，达到精神上的享受和人格上的提升等，则可称之为“悟茶”。随之饮茶的心境达到一尘不染、一念不存、一心一味是中国饮茶的最高境界—— 无茶。此时，我们就会与自然合体，与天地合德，与四时合拍。入门有层次，出门无高低。泡茶来去自性在，圆融无碍天地间。

一、饮茶：满足生理生命

Drinking tea meets the need of physiology life

在茶文化的历史进程中，茶是人类生活中不可缺少的饮料，国人开门七件事：柴米油盐酱醋茶。饮茶在人们生活中居重要地位，也为人类生活增色不少。我国是喝茶历史最悠久，喝茶人口最广泛，喝茶方式最多样的国家。喝茶是一种满足生理需求的活动，它可以在任何环境下饮用。解渴是它的实用价值，唇焦舌干之时，茶是解渴释燥的佳品。农工劳作、体育比赛、教师讲课，捧大碗海喝个饱，其畅快之感是雅士们无法体会的。只求解渴，补充水分，是饮茶。饮茶有十大好处：①化淤润肤，振奋精神，增强思维和记忆力。②消除疲劳，促进新陈代谢，有维持心脏、血管等正常机能的作用。③防止龋齿。④抑制恶性肿瘤，饮茶能明显地抑制癌细胞突变。⑤刺激胃液分泌，帮助消化，增进食欲。⑥茶叶中含有对人体有益的微量元素。⑦抑制细胞衰老，延年益寿。⑧防止动脉硬化，高血压和脑血栓。⑨兴奋中枢神经，防辐射。⑩有良好的减肥和美容效果。每天饮茶 3—4 杯，对于维持人体正常生理活动需要，满足生理生命需求，提高人体免疫功能具有重要的作用。故苏东坡认为，“何须魏帝一丸药，且尽卢仝七碗茶”。

二、品茶：浸润心理生命

Appreciating tea riches psychology life

品茶是一种技能也是一种质的升华。不仅解渴还是心理按摩，一种生活情趣，一种精神享受，更是一种修身养性的方式。闻茶香，观汤色，品滋味，能阅尽“人间春色”。品出物性，品出本能、智商、情商、本我，更能品出灵性，品出生命。品茶是品茶者心的回归，心的停歇，心的享受，心的澡雪。因此，品茶时要有一个最佳的心理环境（即心境），才会真正体味到品茶的真谛，获得精神上的享受。当茶雾袅袅升起的时候，茶的清香静静浸润人们心田和肺腑，为人们解困舒心，通启灵智，增长智慧，品茶如品人生。它使我们生命的原浆迸发出来，能倾听到生命自由拨弦的声音，使我们生命丰富起来，倾斜的心理得以平衡，偏颇的思维得以校正。

茶有提神醒目的能量。心清可品茶，茶品可清心。三口为品。第一口，有响声的间歇式地吸气入口，如人生青年，初生牛犊不怕虎，做事有动静；第二口茶汤在口中转动，咀嚼入喉如人生壮年做事沉稳，动静结合；第三口茶汤自然过喉入心，无声无息，如人生暮年，平常做事，动静自然。人们享受着茶，又被这份清心启迪。品茶的价值在于无言地诉说着生命的价值。守着这份价值，茶才成其为茶；守住这份价值，人才能有高于另类生灵的境界。品茶的价值远不是今天标示于精美包装盒上的

一串串数字，不是人们比试金钱的载体，也不是标榜职务高低技能高下的砝码。在困倦和泄气时，一杯清茶能振作勇气，平淡感受激情的涌动；当烦躁和无聊时，一杯清茶能使人睿智思考，辛苦里能品味出生活的甘甜，劳作中感受茶的酣畅；这就品出了茶的风范——朴素而真诚。朴素恰恰是辩证思想的精华。在品茶中包容着中国传统文化。即天地间万物万事存在着互相矛盾的两个对立面，例如有无、刚柔、强弱、祸福、兴废，等等，但它们都是互相依存、互相联结、互相转化的。所以说，“有无相生，难易相成，长短相形。”“贵以贱为本，高以下为基”，也如宋代圆悟禅师说：“春色无高下，花枝自短长。”喝好这杯茶，做实每件事。

品茶，有形式与内容的复杂与深刻，更具高雅与情趣。品茶，不一定需要价值昂贵的茶品，不一定用珍宝级的器具，也不一定非要到一个特殊的环境，但是必须要有的是一份当下的心境，一份能与茶相契的心境。其实，品茶就是以主观的感受去鉴别茶汤的色、香、味、韵。要清晰地分辨出茶汤的差别与特色，首先必须把心静下来。品茶讲究一个品字，细品慢饮，营造一种平静的心理氛围，让人们感受大自然，从而少一份浮躁，多一份质朴，保持平和的心态。品，本身就不能快，而要慢，要静，要细细品饮。俗话说，慢慢来，急不得，也就是说，慢慢，则来；急，则不得。通过慢慢地品饮，心才能静下来，心静下来了，才会有清晰的辨别能力，才会有敏锐的觉知力。任何一款茶，通过品鉴，能看出品茶人心的细密与觉知。有一次笔者品绿茶，入口时，满口似乎屏蔽，刹那间，先是有一个细胞复活，口味变甜淡，然后其他细胞逐个苏醒，满口甜甘。再下来，它的回甘让人迷醉。柔柔的甜突然变成一根根甘泉，汩汩涌出，一股比一股甜，但不是糖果的甜腻，很是舒服和享受。然而，反过来讲，与其说通过品茶可以让人心静，让人心细，让人提高觉知的能力，还不如说，通过品茶的过程在为我们如实地反映心在当下的状态，自在的映象，静品默赏茶的真香和本味，味浓水香，最容易体会到黄庭坚品茶时感受到的“恰似灯下故，万里归来对影，口不能言，心下快活自省”的绝妙境界。所以，品茶就是“以茶显心”，显出本心的清明、平和、平常，故而说，茶者，察也。

品茶是都市人贴近大自然的一种理想方式。茶长在山冈乱石，不争富庶之地；茶树姿态清新、自然质朴，从不招蜂引蝶；茶的滋味有甜有苦，无味之味。不追求显赫，在默默无闻中将健康献给人类。这就是茶的品格。品茶其实就是一个陶冶情操的过程，茶文化修养达到一定境界，会用整个心灵去品味，使自己的思想、情感融入茶汤中，在茶的熏陶下人格得以升华，有了高尚的品格，就有利于心理健康，从而达到修身养性的目的。心灵养生是茶事与文化、修养、教化的统一。心灵养生即心灵保健，其关键在于心理平衡，保持心境清纯之气。现代医学证明，人的心理平衡，内分泌正常，情绪稳定，心境平和，抵抗力增加，生命力旺盛。现代生活节奏加快，人们常常处于精神紧张、身心疲劳的状态，容易出现心浮气躁，心理失衡的情况，甚至出现迷恋金钱，走到物欲膨胀的绝地。人们的确需要物质生活的充裕和满足，但更需要精神生活的充实和心灵的释然。要解决心理失衡，促进心理健康，则有赖于人的高尚道德、优美情操，正确的人生观和价值观等内在人格心理的建构。适量饮茶休闲，静心品茶，就像到了心灵驿站，使绷紧的心弦得以松弛，疲倦的身心得以歇息，放下重负，可使气脉畅通，气血调和，精神爽朗，

怡然自得，达到修身的目的，提高了生活情趣。茶道精神是良药“三剂”，产生良好社会功效。第一，闲寂、雅静，是舒缓化解生活压力、繁忙、喧嚣、紧张的“轻松剂”。第二，和敬、平和，是以礼待人、以诚处世、互敬互帮互勉，促进新型人际关系的建立，促进社会稳定的“润滑剂”。第三，廉俭、高洁，是摆脱名利缰锁羁绊和拜金、拜物的困惑，克服患得患失，泰然对待人生顺意与逆境的“平衡剂”。泡一杯茶可能是不少人的习惯，但我们平时看似漫不经心的茶叶，却隐藏着一些深层的心理表现，值得智者去发现运用。茶味之正在甘苦相依，怡神得趣。循其味，感其气，觉意和合，入茶境而终能体知茶理，待俗务安顿，骄躁栖歇，静心体察，方能领会其中苦涩敛心，涩消意舒，苦去神清，余甘缭绕，汩汩生津，乃至体妙心玄之境。

三、悟茶：融贯宇宙生命

Enjoying tea mixes tea together with universal life

茶在中国已经不单纯是一种饮料，它代表着一种文化，一种价值取向，一杯茶蕴涵着多角度的文化内涵。表达了对情感、对生命的态度，有着更深层次的精神境界。一个人若在茶中有品位，自然对生活、对情感、对生命会倍加热爱。当然就对人格有操守，自然会以无与伦比的气概圆融世界。正如茶圣陆羽在《茶经》中所言：茶人必定是“精行俭德”之人。茶的品饮一旦超越方法技艺等，有了感情礼仪的寄托，有了人生哲理的参悟，这一切融入茶道，就贯通了生命的隧道，于是生命如同水一样自由流淌，欢快奔腾，一泻千里，回归大海。茶甘如芥，在平常饮茶的日子里，总让我们感叹于茶味与人生其味的无常，

在品味不同茶水滋味的同时，让我们同时品出某种生活本味及其人生旨意。人是万物之灵，每一个人都有与生俱来亲和自然回归自然的渴望，品茶是人同大自然进行精神交流和感情沟通的最佳方式。悠悠袅袅的茶气，淡然无极的茶味，妙不可言的茶香，心旷神怡的茶景，以及茶人自己清静虚空的心境，可使人的身心完全放松，进入一种忘我的奇妙境界。如我的导师吴言生悟出“轩檐水玉，原是已身”这两句禅语的意蕴：若是茶道修到消除一切妄想的省悟的境界，则你听到的屋檐下晶莹如玉的雨滴声就是你自己。在这种境界里，没有听者与被听者的对立。此时，你会有好像自己变成雨滴的感觉，不知道是自己滴落下来，还是雨水滴落下来。这就是雨水与自己成为一体的世界。茶汤让阴阳协调身心平静，永远是祥和，不会出现一边高一边低。人生原本可以有多样的生活方式，我们的生活空间原来也是巨大无限，明白宇宙人生都是因缘和合，力尽心安。“一切现成，触目菩提”。保全太和之元气以普利万物才是人间真道。陶冶情操，品味人生，茶道圣道，达到精神上的享受和人格上的澡雪，追求“保合太和”的大境。茶道本质上是洞察人生命本性的艺术，它实践在人从束缚到自由的道路，当茶的清香静静地浸润我们心田肺腑的每一个角落的时候，在茶气萦绕中恢复独立的思索。我品普洱茶时觉得生命意义在于历史沉淀，在于变化无常，在于细腻的情感体悟。中国茶道正是通过茶事自然生成一种宁静的氛围和一个空灵虚静的心境，感受自身生命的存在，体会自己灵魂深处呼出的芬芳——体香，我们的心灵便在虚静中显得空明，“银碗里盛雪，冰壶含宝月”，精神净化升华，与大自然融合玄会，达到“天人合一”的“天乐”境界。通过茶事活动追求对“道”的真切体悟，达到修身养性，品味人生之目的。将品茗过程视为在无我的境界中放飞自己的心灵，放牧自己的天性，达到“全性葆真”。通过品茗述怀，使茶友之间的真情天长地久，达到茶人之间互见真心的境界。爱护生命，珍惜生命，让自己的身心更健康，更畅适，让自己的一生过得更真实，诠释生命的真正意义。无意识状态下的当下一念才是生命中唯一能把握的真实。心灵的真相不是有限的知道，而是无限的洞见。有灵性的追寻，才能够让我们在这个世界活着不感厌倦，并得到内心的满足。回归自己的真实，放下一切，活在自己的此时此刻！相信一切皆无常有常是正常，只是活在当下，富足生命的心灵品质，一切如是而已。选择一个较有限的意识高度去经营人生，结果是幸福是痛苦是显而易见的。真正的“解脱”或“开悟”，必须发生于深度清理与觉察之后内在意识的“转化”，“涵容互摄，珠光交映”，水样的心能容载万事万物，事事圆融，月样的心灵能映照千人百态，事理圆融。茶，不是知识，是悟性；茶，不是巧辩，是灵慧。所以我们说茶道就是不同人在品茶中产生多元真实感觉和哲理感受，强烈感染和感召人们精进人生，指导人们提升生活的品位，引导人们回归生命的本真。在品茶中安静地走在回家的路上，

平和地达到心灵的家园。

四、无茶：奉献全部生命

Tasteless tea presents life with all respect

一片茶叶细小纤弱，甚至无足轻重，而它生命的全部却精彩微妙。与水融合，便释放出自己的一切，毫无保留地贡献出自己的精华，完成了自己的全部价值。不会因溶入清水不为人在意而无奈，照样留得清香在人间。在人生过程中成就了他人，帮助了社会，贡献了自己，完成了使命就是每一个人的生命价值。茶树年年有新芽，生命时时闪金光。一个人学识再高，能力再强，不奉献于社会，又何足道哉？生命短暂犹若一片茶叶。古人云："以有涯追无涯，殆矣。"茶人的生命总是踏雪而歌，向死而生。

龚自珍《乙亥杂诗》也说："落红不是无情物，化作春泥更护花。"越是博大精深之人越会觉得自己浅薄，越是知茶便越需忘茶，茶人们最好能忘记那些关于口感、色泽之类的自我而又极自信的评价，包容和尊重不同茶类的不同表现，抛弃面对茶品时的狭隘、高傲与我执，忘记捆绑在茶叶上的技艺、约束它的器皿以及"道"的枷

锁，无报偿心，茶就能用它的平和在不自觉中塑造我们的心性。我想不管我们喝的是多么“昂贵”的茶，唯有这一点才是茶的最可贵处。只把自己浸在茶汤里就好。随缘任运，饥餐困眠。能所俱灭，水月相忘。在这里我录用蔡荣章先生的“无我茶会”的形式来表达无己无茶而又拥有全部的圆融旷达的生命极境。

无我茶会的特点是，参加者都自带茶叶、茶具，人人泡茶，人人敬茶，人人品茶，一味同心。在茶会中以查对传言，广为联谊，忘却自我，打成一片。体现无我茶会的精神。

第一，无尊卑之分。茶会不设贵宾席，参加茶会者的座位由抽签决定，在中心地还是在边缘地，在干燥平坦处还是潮湿低洼处不能挑选，自己将奉茶给谁喝，自己可喝到谁奉的茶，事先并不知道，因此，不论职业职务、性别年龄、肤色国籍，人人都有平等的机遇。

第二，无“求报偿”之心。参加茶会的每个人泡的茶都是奉给左边的茶侣，现时自己所品之茶却来自右边茶侣，人人都为他人服务，而不求对方报偿。

第三，无好恶之分。每人品尝四杯不同的茶，因为事先不约定带来什么样的茶，难免会喝到一些平日不常喝甚至自己不喜欢的茶，但每位与会者都要以客观心情来欣赏每一杯茶，从中感受别人的长处，以更为开放的胸怀来接纳茶的多种类型。

第四，时时保持精进之心。每泡一道茶，自己都品一杯，每杯泡得如何，与他人泡的相比有何差别，要时时检查使自己的茶艺精深。

第五，遵守公告约定。茶会进行时并无司仪或指挥，大家都按事先公告项目进行，养成自觉遵守约定的美德。

第六，培养集体的默契。茶会进行时，均不说话，大家用心于泡茶、奉茶、品茶，时时自觉调整，约束自己，配合他人，使整个茶会快慢节拍一致，并专心欣赏音乐或聆听演讲，人人心灵相通，即使几百人的茶会亦能保持会场宁静、安详的气氛。

茶博士语：

1. “三段四层”（三段：准备—冲泡—品悟。四层：饮茶—品茶—悟茶—无茶），“一心一味”（万法归一，味味一味，融贯宇宙，真性自在。）

2. 修身养性的体证法——调伏训练。调身，调息，调心。

3. 茶汤浸润世界——味无味、为无为、事无事。

品茶悟道的心语

Tea-drinking

一、春饮花茶

Drinking tea in spring

（一）春花香片

Spring perfumed tea

春天万物复苏，人易犯困，一杯浓郁芬芳、清香爽口的花茶，不仅可以提神醒脑，清除睡意，又能促进人体阳气生发。所以中医学认为，春饮花茶好，它可散发冬天积在人体内的寒邪，使人与自然同体向阳。花茶是我国特有的香型茶类，既具有茶叶的爽口浓醇之味，又兼具鲜花的纯情馥郁之气，有“引花香，益茶味”之说，集茶味与花香于一体，茶引花香，花增茶味，相得益彰。冲泡品汲，花香袭人，甘芳满口，令人心旷神怡，有诗赞：“香花调意趣，清茗长精神。”

花茶依照工艺不同可分为熏花花茶（香花茶、香片）、花草（果）

茶、工艺花茶三类。熏花花茶是以绿茶、红茶、乌龙茶茶坯及符合食用需求、能够吐香的鲜花为原料，采用窨制工艺制作而成的茶叶。花茶窨制过程主要是鲜花吐香和茶胚吸香的过程。一般采用绿茶的茶胚，少量的用红茶和乌龙茶，再与鲜花窨制而成的一种复合茶，由于窨花的次数和鲜花种类不同，花茶的香气高低和香气特点都不一样。宋代诗人江奎的《茉莉》就赞曰：“他年我若修花史，列做人间第一香。”花草（果）茶一般选用绿茶、红茶、乌龙茶与干鲜花如茉莉花、珠兰花、白兰花、代代花、桂花、玫瑰花、米兰花、兰花、菊花等科学搭配而成。体现了花疗、茶疗于一体。工艺花茶程序独特，观赏性极强。饮花茶不仅是一种乐趣，还获有茶的功效，且花香也具有良好的药理作用，保健祛病。如常见的菊花茶就能抑制多种病菌、增强微血管弹性、减慢心率、降低血压和胆固醇。同时，可疏风清热、平肝明目、利咽止痛消肿。再如茉莉花茶，则有清热解毒、健脾安神、宽胸理气、化湿、治痢疾、和胃止腹痛的良好效果。珠兰花茶则具有治疗风湿疼痛、精神倦怠、癫痫等作用，对跌打损伤、刀伤出血也有一定疗效。

（二）冲泡技巧

Brewing skills

第一步：备具。盖碗（三才杯）及茶具组合，泡饮中低档花茶或花茶末（北方叫“高末”）可用白瓷茶壶。第二步：列器。第三步：煮水。

第四步：温盖碗。第五步：置茶。先放在洁净无味的白纸上，干嗅花茶香气后置入；150毫升容量的盖碗投茶3克。第六步：冲泡。以能维护香气不散失和显示茶胚特质美为原则，水温宜90℃—95℃，回旋冲泡后加盖，用摇香手法令茶叶充分吸水浸润；然后揭盖用凤凰三点头手法注开水加盖闷2—3分钟。第七步：示饮。用端三才杯技法闻香、观色、啜饮，动作需舒缓轻柔。第八步：奉茶。第九步：品饮。透过玻璃杯壁观茶舞后细细品啜，方能出味。第十步：续水。第十一步：收具。

（三）闻香通泰

Smelling the taste of tea to feel free

品饮花茶，先看茶胚质地，好茶才有适口的茶味，窨入一定花量，配以精湛的加工技术，才有妙的香气。花茶中蕴含香气如何，有三项质量指标：一是香气的鲜灵度，即香气的新鲜灵活程度。二是香气的浓度，即香气的浓厚深浅程度。三是香气的纯度，即香气纯正不杂，与茶味融合协调的程度。三开有茶味。一开茶，揭开杯盖一侧，鼻闻汤中氤氲上升的香气，顿觉芬芳扑鼻而来，精神为之一振。留汤三分之一时续加开水，为之二开，凑着香气做深呼吸，充分领略愉悦香气，欣赏花茶特有的茶味香韵。如是饮三开，茶味已淡，不再续饮。此时才能尝到名贵花茶的真香实味。那是令人神醉的花茶味。通过三开茶汤闻香、观色、品韵，综合领略茶味的适口度和香气的鲜灵度、浓度、纯度后，三香俱备者为“全香”，茶形、滋味、香气三者全佳者为花茶高品、名品、珍品。此时在康泰安宁之地，汉江环绕之中，春风拂面之时，喝茶闻香，香气异常芬芳，茶味尤其醇正，充分领略花茶所独有的脱俗纯美的花香与诗情画意的茶韵。让自己在“天、地、人”之间，充盈一股清幽高雅的茶之香气、新鲜的春天之气、温馨的人和之气，为自己的心灵营造“圣妙香”的新境。我们一定会感悟到“天地一壶味，清气满乾坤”的美妙世界。让“香引春风在手”，艺术地创造生活，将与生命“赋予杯中绿”。既是心香，又是天香。

二、夏饮绿茶

Drinking green tea in summer

（一）品饮绿茶

Tasting green tea

夏天是品饮绿茶的最好时节。

品茶技术性很强，具有品评和欣赏的价值，更是一个提升文化内涵的过程。手捧绿茶一杯，鲜嫩幽香扑鼻，鲜爽、淡雅、回甘之味浸润心田，生津止渴，消乏解疲，使品茶成为一种艺术的生活享受，也是交友联谊，沟通感情，陶冶情操，修身养性的最好方式。再与妙器、活火真水，佳境雅人融合形成整体协调美观的品茗艺术。

绿茶有“色绿、香郁、味甘、形美”四个特点，要“一看、二闻、

三品味”，方能真正享用一杯绿茶。品饮绿茶讲究“三赏、三闻、三品”。

1. 三赏

一赏干茶。察颜（色）观形。茶叶因制作方法不同，色泽、外形也不同。同样高档的细嫩绿茶色泽就有嫩绿、翠绿、青绿、黄绿之分，而且形态各异，龙井扁平光滑，形如彩旗，也如“碗钉”。东坡曰“白云山下雨旗新”，乾隆称“黄金芽”。碧螺春卷曲成螺，银绿隐翠，一嫩（茶叶）三鲜（色、香、味）尤为突出，有诗曰“入山无处不飞翠，碧螺春香百里醉”。黄山毛峰形似雀舌，色泽润光亮，绿中带黄似象牙。六安瓜片色泽绿，外形极像瓜片。太平猴魁外形两叶抱一芽，平扁挺直，白毫隐伏，有“猴魁两头尖，不散不翘不卷边”，叶色苍绿匀润，叶脉绿中隐红，俗称“红丝线”。

二赏茶舞：这是品绿茶一大特点和亮点。透过晶莹清亮的茶汤，观赏茶的沉浮、舒展和姿态。绿茶冲泡时雾气氤氲，玉杯飘烟，缥缈是绿茶舞的序曲，再看泡好的茶芽竖立悬浮，根根向阳，徐徐下沉簇立杯底，碧波荡漾呈千姿百态。“莲心”润甘露，春波展“旗枪”，汉水哺“雀舌”，好像富有生命的绿精灵在翩翩起舞，让人忍不住要朗诵朱自清的传世散文《春》。茶汤逐渐变绿直至春染碧绿水，整个杯子好像盛满了春天的气息。鸟语花香春姑娘，和风细雨柳絮扬。杯中看舞蹈，春天赏茶艺。

三赏叶底：三泡后的绿茶，舞之蹈之绿色永不言退。一片翠绿，

叶底肥软，嫩绿匀亮，匀齐成朵。

2. 三闻

中医说“闻香开窍”。茶需静品，闻香通灵。一闻干茶香。绿茶香气的主体成分是芳香物质，含量 0.02% 左右，构成香气成分的种类近 200 种。深呼吸闻清爽香气，不带青涩味。二闻洗茶香。少许水高温洗茶后立即闻香，从左到右由远及近。一缕缕绿豆、黄豆、熟栗、梨香、甜香、薯香、清香阵阵直沁心脾，令人神清气爽，醍醐灌顶，芳气满闲轩。清幽淡雅之气弥漫心田，非得用心灵去感应才能闻出春天的气息，悠远清醇的难以言传的生命之香。三闻茶汤香。绿茶三开汤，汤汤香不同，头开色淡、鲜香、纯雅；二开翠绿（或黄绿）芬芳，醇香；三开碧青（浅黄绿）香郁、回甘、悠长。三泡苦尽甘来，每日三省修身。

3. 三品

汉字品由三个口组成，绿茶适泡三开；皎然三饮便得道；老子说：“道生一，一生二，二生三，三生万物。”无论从品饮技艺还是饮茶悟道的体证，绿茶需静品、慢品、细品。一品开汤味，淡雅。二品茶汤味，鲜醇。三品汤后味，无味。正如清人称颂：“茶真者，甘香如兰，幽而不冽，啜之淡然，似乎无味，饮过之后，觉有一股太和之气弥留齿颊之间，此无味之味乃至味也。”

（二）品悟绿茶

Enjoying green tea

六大类茶中，绿茶最是可以论品悟道的。绿茶什么味？初品清汤碧水如润玉云膏，琼浆之液，感到色淡香幽，味淡甘鲜；再啜感到舌

体回甘，满口生津；三品后已是“功夫在诗外”了。无味至味，茶禅一味，味味一味，醍醐法味。我们品到的是茶，又是安康醇厚的历史，汉江春天的气息，茶山盎然的生机，人生精彩的百味，天地大道的契合，世界万物的圆融。

品悟绿茶我们讲究“三品四悟”。

1. 三品

品茶味我们采用清饮法，品饮绿茶要了解茶的色、香、味、形，品出物质属性。茶类、品种、产地、新陈、等级等。如优质绿茶的特点是条索圆紧、匀直，毫心显露，色泽绿润，香气清爽，滋味鲜醇，茶汤绿色，清澈明亮，叶底肥软，嫩绿匀亮。

品茶韵绿茶雅韵，一杯碧波人自映。被英国大诗人雪莱称为“中国之泪水”，比喻为“绿茶女神”。把品饮绿茶的茶事上升为品茗艺术。在品绿茶时创设淡雅的环境，伴以清纯的音乐，适美的茶具，审美的茶席，甘洌的泉水，明快的活火，娴熟的冲泡技艺等，使品饮者在茶事过程中获审美情趣和佳味的需求，达到物质的享用和超越物质的满足，精神美质得到提升。可谓“滋味甘香，韵致清远”，“近而不浮，远而不尽”。

品悟茶道　这是品饮绿茶的最高层面和境界。在品饮中以绿茶为媒介去沟通自然，形神相融，契合天地，中和人际，获得返璞归真的心理体验，将生命的色彩定格为绿色，安静而充满希望，使生活艺术化的绿茶茶子“天地有大美而不言”，“淡然无极而众美之”的品性种子般播散在每一位品饮者心中，化为极致的追求与理想的目标。是茶人的直悟自情，本性真心的自悟过程，品茶品人生。

2. 四悟

悟"清" 绿茶简单，清澈。简近道，清至真。"江清月近人"，"清江明月露禅心"。在俗世蒙尘中如莲花般雅纯，清致是绿茶带有玄美的清味。

悟"和" 绿茶汤和平。宋徽宗《大观茶论》说绿茶致清导和。炒、烘、晒、蒸工艺共一青；条、卷、针、珠形状色一绿。不偏不倚，和合平常。无论品茗人是谁，一应诚和相待，"中道妙理"。北宋晁补之评"中和似此茗，受水不易节"，成为中国优秀传统文化中庸思想核心的反映。

悟"怡" 是品绿茶充满生命活力的茶性，赴汤蹈火涅槃重生的精神以及品饮时心畅神悦的心身感受。追求"快乐之杯"的理想生活，掘"健康之液"的生命源泉，彻悟"灵魂之饮"的自然大道，获取生命的愉悦。

悟"真" 真水无香，真人无形，抱朴含真，返璞归真的"守真"、"养真"、"全真"是茶人品茗的自律。一是真茶、真水、真香、真味……存在的真实，活在当下；二是真诚、真心、真意……泡茶的真情；三是真率、真我、真人……品茗的真性，彻底去掉虚伪人生；四是真悟、真境、真谛……体悟真道。使品茗悟道起始如一，全性葆真。

"饮罢佳茗方知深，赞叹此乃草中英"。人勤、春早、茶香、夏安。若到安康来，千万和春住。一杯绿茶、一种享受、一种回味、一种感悟……

三、秋饮青茶

Drinking dark tea in autumn

（一）秋品观音韵

Drinking Tie Guanyin in autumn

1. 秋饮青茶

秋天，天高云淡，金风萧瑟，花木凋落，气候干燥，令人口干舌燥，中医称之“秋燥”，这时宜饮用青茶。青茶，又称乌龙茶，属半发酵茶，介于绿、红茶之间。色泽青褐，冲泡后可看到叶片中间呈青色，叶缘呈红色，既有绿茶的清香和天然花香，又有红茶醇厚的滋味。按产地区分，乌龙茶包括：闽南派系，安溪、华安、南靖、漳浦、平和、龙岩皆有产出；闽北武夷派系；广东潮州派系；台湾派系。按茶树品种区分，乌龙茶包括铁观音、奇兰、梅占、水仙、桃仁、毛蟹等。其中，闽南乌龙茶的主要品种包括：铁观音、本山、毛蟹、黄金桂、奇兰、八仙、佛手、梅占、大叶乌龙，等等，尤以闽南安溪铁观音最为著名。一般来说，每年公历 10 月左右的秋茶，品质较高，质量最佳，有“秋香”美誉。

闻名遐迩的安溪名山出奇茗。采用铁观音品种茶青原料制造出的成茶品质最优，素有“观音韵”之名；茶叶色泽黛绿，形如珍珠，汤色黄绿、金黄，滋味鲜爽，香气清高浓郁，饮后齿颊留香，有人誉之“绿叶红镶边，七泡有余香”。铁观音既是一种珍贵的天然饮料，又有很好的美容保健功能。经科学分析和实践证明，铁观音含有较高的氨基酸、维生素、矿物质、茶多酚和生物碱，有多种营养和药效成分，不寒不热，温热适中。具有清心明目、杀菌消炎、减肥美容和延缓衰老、防癌症、消血脂、降低胆固醇、减少心血管疾病及糖尿病等功效，有润肤、润喉、生津、利尿、清除体内积热，让机体适应自然环境变化的作用。含咖啡因少，男女老幼都适合。

2. 盖香汤“煌”

乌龙茶的冲泡品饮别具一格，讲究“烫罐、热杯、高冲、刮沫、淋盖、滤尽、低斟、澄清”等艺术。

安溪茶饮法八式（以第一泡为例）。

洗杯先提起开水壶，将茶瓯、杯一一烫过。洗净茶具并提高茶具温度。

落茶放茶量大约按茶、水 1 ∶ 20 的比例。小茶壶（或盖瓯），应放入半壶以上茶叶。

冲茶等开水初沸（100℃）后，提起壶沿边冲入滚沸的开水至壶或盖瓯口，使茶叶转动、露香。

刮沫用壶盖或瓯盖轻轻刮去漂浮的泡沫，当即加盖保香。

倒茶泡一分钟左右，按“低、快、匀、尽”四字诀进行斟饮。“低”指壶嘴（或盖沿）紧贴杯沿，切勿过高；“快”指迅即泻茶入杯，以便保温；“匀”指对着并排置放的杯盏采取一二三四、四三二一的方式巡回倒茶，人称“关公巡城”，把茶水依次巡回注入各茶杯。

点茶茶水倒到瓯底最浓部分，要一点一点滴到各杯里，以使每只茶杯内的茶汤浓度均匀；“尽”指不留积茶于茶壶（或盖瓯）中，要一滴滴分斟杯中，人称“韩信点兵”，达到浓淡一致，人人平等。

嗅香以三龙护鼎手法托起杯底，看色闻香。拿起瓯盖嗅一嗅天然的茶香。精品“铁观音”茶汤香味四溢，启盖端杯轻闻极浓之香（似兰花香，所谓“王者之香”），用闽南语说是“煌口香”，这是一种非常特殊的茶香，是在铁观音兰花香基础上附加的一种味道——带有鲜爽特征，显得有些张扬，自杯底悠然飘出，那香气在螺旋上升，散入身体，几乎可以感觉到肌肤吸收时的扩张，具独特香气即芬芳扑鼻，且馥郁持久，令人心旷神怡。近来国内外的试验研究表明，安溪铁观音所含的香气成分种类最为丰富（约400种），因而安溪铁观音独特的香气令人心怡神醉。

品茶边啜边嗅，浅杯细饮。三龙护鼎端杯轻啜，让第一口茶汤在嘴中回旋，以舌品味。即茶汤入口后，需得停留片刻，用舌上下搅动以使与口舌充分接触。此种举动会发出不雅之音，故以此法品茶需良朋益友。茶汤的滋味（用闽南语说是“煌口”）肆意弥漫，味觉无法抵挡。茶汤入喉，行走处香透五脏六腑。此时若深深吸气下沉丹田，汤自口腔至喉入腹，甘爽鲜无处不在；重重呼气，香气漫出鼻腔，醍醐灌顶，天人合一。滋味醇厚，回甘绵长。辨其真味，品其神韵。

3. 品观音韵

陈彬藩先生所著的《茶经新篇》中记载：铁观音的滋味十分浓郁，但浓而不涩，郁而不腻，余味回甘，有如陆游诗句“舌根常留甘尽日”。好的铁观音制作精良，要经过晾青、晒青、晾青、做青、（摇青摊置）、炒青、揉捻、初焙、复焙、复包揉、文火慢烤、拣簸等工序。要生产出优质的铁观音茶必须具备：①纯种铁观音品种茶树。即使是同一棵

纯种茶树，不是同批出来的鲜叶，其质量也不同。②茶树生长在良好的石砂质土壤气候环境中，并得到精心培育。③精湛的采制技术。以上三者缺一不可。好茶是可遇不可求的。所以，遇到好的茶叶，要倍加珍惜。

品饮铁观音流程大致为观形、听声、察色、闻香、品韵等。

观形　优质铁观音茶条卷曲、壮结、沉重，呈青蒂绿腹蜻蜓头状。

听声　抓一把扔到瓷茶盘，声脆明亮，无沉闷感。

察色　一是外形色泽鲜润，砂绿显，红点明，叶表带白霜。二是汤色金黄，浓艳清澈，醇厚甘鲜。三是叶底肥厚明亮，具绸面光泽。

闻香　一是香的类型，我们简称为“香型”，如兰花香、花果香、蜜香等；二是香的高扬程度；三是香的持久程度。优质铁观音，香气馥郁持久，有“七泡有余香”之誉。

品韵　准确理解观音韵这种感觉，特有余意，如范温之说“有余意之为韵”。别有玄意，令人深深认同佛说世事无常，不过机缘巧合而已。瞬息变化的韵味，不是用一种花香，不是用一种香气可以形容的，如同观音有千个幻象一般。有高有低、有强有弱、有酸有甜、有的深藏不露、有的霸气逼人、有的温文尔雅、有的婀娜多姿……千奇万种、无穷无尽，皆是观音韵。观音韵就不单是指铁观音的兰者之香，更应该是指铁观音香气的浓淡变化、王者之香的神秘莫测、若有若无、忽远忽近、缥缈不定。这种韵味特指品饮铁观音时，饮者在精神上的一种审美感悟和主观

审美体验。细啜一口，舌根轻转，可感茶汤醇厚甘鲜；缓慢下咽，回甘带蜜，韵味无穷。元代刘秉忠《咏云芝茶》赞铁观音诗云：“铁色皱皮带老霜，含英咀美入诗肠；舌根未得天真味，鼻观先闻圣妙香。”它包括香韵、喉韵、音韵三个方面。

香韵　是观音韵在内质鉴评上的一个方面。一是鲜香，鲜爽感强，显得有些张扬；其二为幽雅的兰花香，香型馥郁清幽，有如兰花，这种香型绝不张扬但馥郁持久，从一泡到七泡依然存在；其三为花果香。穿过嗅觉更有一种香气的音韵流动和清幽隽永的暗香浮动。古人将茶比做“香花”。有“未尝甘露味，先闻圣妙香”之说。名茶鉴评家认为只有铁观音才有这种圣妙香，所以称为观音韵。台湾著名茶学专家吴振铎教授从其琥珀色茶汤中品得“香韵”之美，深情赞云：“蜜黄澄清近琥珀，幽兰浓郁舌根甘。”认为观音“香韵”奇绝，乃嗅觉审美的“香韵”。

喉韵　乌龙醇。它的突出特性是“纯味”、“天真味”。安溪茶谚说：“品茶评茶讲学问，看色闻香比喉韵”。所谓“喉韵”：一是汤香。鼻子靠近刚冲出的茶汤，微微一嗅，满是“煌口香”悠然飘进喉，这说明是好茶。二是顺滑程度。茶汤略凉后入口，高阶品茶汤黏稠中带有米汤香，口感极为柔细、甘滑。三是无苦涩感。入口微苦且很快消退。四是味觉元素丰富。茶汤味道越丰富越好。高端铁观音采用优质茶青原料制造，茶青叶片肥厚，富含有机元素，对应的茶汤顺滑味道也更丰富。五是回甘程度。好茶回甘快且强、明显、持久，滋味醇厚。

音韵　著名茶寿高人张天福说所谓“观音韵”，是指香气馥郁持久，独特的兰花香，滋味醇厚甘鲜，七泡有余香。安溪人品评铁观音，碰到观音韵不错，说是“音韵有起”或“音韵有显”，大多情况下称“韵口”。如果说音韵很重，就是说铁观音的特性很明显，当然是好茶了。如果说音韵不明，就是说铁观音的特性不明显，当然不是好茶了。“音韵”是茶好的气质或特性。至于这个独特的“音韵”究竟为何物，人人一解，“谁人识得观音韵，不愧是个品茶人”。喝岩茶讲究岩韵，喝溪茶讲究“音韵”，喝单枞讲究“山韵”。这些韵、气、味，千差万别，全凭品茶者的技艺和悟性得其深浅。音韵是一种领悟和修为，是一种净化心灵的体验。喝完茶之后，口中茶汤生津不断，口中茶感良久存留，宛如仍在饮茶一般。这是茶品完后一段时间的客观味觉或嗅觉和“余韵绕梁”的主观感受。如宋徽宗《大观茶论》说：“冲淡简洁，韵高致静。”心是平常心，人是和敬清。这也正是安溪“铁观音”的魅力所在。

（二）凤凰单枞品山韵

Phoenix Oolong tea

1. 凤凰单枞茶

凤凰茶属乌龙茶类，六大茶类之一。产于广东省潮安县凤凰镇。凤凰镇因此被国家命名为“中国乌龙茶（名茶）之乡”。凤凰单枞茶是从国家级优良品种凤凰水仙选育出的优异单株（株系），其成品茶品质优异，香和味独具一格。据《潮州凤凰茶树资源志》介绍，凤凰茶具有自然花香型的 79 种（株）、天然果味香型的 12 种（株）、其他清香型的 16 种（株）。用优异单株鲜叶制成的茶，形成十大香型：黄枝香、芝兰香、桂花香、玉兰香、夜来香、茉莉香、杏仁香、番薯香、肉桂香、米兰香。这些香型既是茶树品种名，又是成品茶名。成品茶经晒青、晾青、碰青、杀青、揉捻、烘焙等工序，历时 10 小时制成，品质极佳，素以形美、色翠、香郁、味甘“四绝”称誉。其外形条索粗壮硕大，匀整挺直，色泽黄褐或灰褐、油润有光，并有朱砂红点，香气高锐。冲泡时茶香四溢，几步之外便能闻其香味。自然花香气清高持久，独特兰花香幽长雅致，滋味浓醇鲜爽，润喉回甘力较强，汤色清澈橙黄明亮，叶底边缘朱红，叶腹黄亮，素有绿叶红镶边之称。极耐冲泡的底力形成凤凰单枞茶特有的色、香、味内质特点：浓郁、甘醇、滑口、回甘，具有独特的山韵品格。从生物化学和医学的角度看，其功效有 22 项之多。它历史悠久，产销历史已有 900 余年，驰名古今中外。1986 年在全国名茶评选会上被评为乌龙茶之首。正如《潮州日报》报道：美国前总统尼克松访华，品尝凤凰茶后，结论是 “比美国的花旗参还要提神”；日本茶叶博士松下智先生说：“凤凰茶是中国的国宝”。

2. 潮汕工夫茶

潮汕工夫泡现今仍流传于我国的广东潮汕、闽南及东南亚一带，是一种工夫茶的品尝技艺，能代表自古流传的中国茶道，工夫茶可谓最精致、最考究、最著名的茶道，是茶文化的高峰。

潮汕工夫茶很讲究选茶、用水、茶具、冲法和品味。茶叶要形、香、味、色俱佳。烹茶用水要求洁净、甘醇，以山泉为上，江水为中，井水为下。盛茶器皿为“茶房四宝”：潮汕炉——广东潮州、汕头出产的陶质风炉或白铁皮风炉（现代茶艺已用随手泡）；玉书——扁形薄磁的开水壶，容水量约 250 毫升；孟臣罐——江西宜兴产的朱砂泥制成的小巧精致茶壶，容水量约 50 毫升；若琛瓯——江西景德镇产的白色透亮的精美小瓷杯，一套四只，每只容水量约 5 毫升；潮汕功夫茶盘上惯放三个小茶杯，这是从俗语“茶三酒四秃跎二”演化而来的。潮汕人认为，饮工夫茶以三人为佳，少于三人则较寂静，多于三人则较喧闹；用紫砂茶船盛“茶房四宝”。对于泡茶，潮汕人总结出一套办法，即“高冲、低筛、刮沫、淋盖、烫罐、洗杯、筛点”，每一步都有讲究。主要程式有：

治器：起火、掏火、扇炉、洁器、候水、淋杯。

煮水：讲究以“蟹眼水”为度，初沸的水冲茶最好。

嗅茶：泡茶者介绍单枞的特点、风味，依次传递欣赏嗅品一番。

温壶：烧盅热罐。茶有真香、佳味、正色。泡茶用小壶，既可发香，又可得趣，是对实践经验的总结，也是对科学理性的一种追求。未放置茶叶之前，先将开水冲入空壶，谓之“温壶”、“热罐”，温壶之水倒入茶杯，谓之“烧盅”（烫杯），之后倒入茶船，即茶盘，一种紫砂质地的上下层浅盆。

纳茶：备有素纸，将茶叶分粗细后用手抓茶置放，通常将茶叶装至茶壶（或盖瓯）的1/2或2/3。

冲点：讲究悬壶“高冲”。开水从茶壶（或盖瓯）边冲入，切忌直冲壶心，以防“冲破茶胆”，冲散茶叶。刮沫淋罐（浇壶使壶内壶外温度一致）。

洗杯：“金鸡独立”。候汤时用滚杯法在茶船中清洗茶杯，转动杯身，如同飞轮旋转，又似飞花欢舞。滚杯自如洒脱可视泡茶者功夫非凡。

运壶：在泡好第一泡茶时，提壶沿茶船边沿运行数周，俗称“游

山玩水”，为的是不让壶底水滴入茶杯串味。

洒茶：低筛，这是潮州工夫茶特有的筛茶方法。讲究低、快、匀、尽。把茶壶嘴贴近一字排开的茶杯，然后如“关公巡城”般地依次来回浇注，连续不断地把茶均匀地筛洒在各个杯中。筛洒时不能一次注满一杯，以示“一视同仁”，但一壶茶却必须循环筛洒以至于尽，即所谓“韩信点兵”，均分平等。倒茶时切忌一杯倒满再倒第二杯，以致浓淡不均，又有轻视茶友之嫌。

敬茶：尊老爱幼、互相谦让，这是中国人的传统美德。

品茶：这是功夫茶全套步骤中最讲究的一环。乘热而饮，潮汕人叫喝烧茶，杯面迎鼻，香味齐到，一啜而尽，三味杯底，此乃：一口为喝两口饮三口为品，功夫茶之精华尽显此中，真是“味云腴，餐秀美，芳香溢齿颊，甘泽润喉吻，神明凌霄汉，思想驰古今”。神奇变幻，功夫茶之三味于此尽得矣。从端杯后，先欣赏茶色再嗅茶香，之后才是品啜茶味一一并举，玩味再三。确如白居易诗云：“盛来有佳色，咽罢余芳香。”可见个中之味，甘香适口，余味无穷，余韵不绝。

3. 细品“山韵”味

乌龙茶具备该品种特有的香型和韵味，称为“品种香”。凤凰单枞属品种香茶，正宗产地以有“潮汕屋脊”之称的凤凰山东南坡为主，分布在海拔 500 米以上的乌岽山、竹竿山、大质山、万峰山等潮州东北部地区。母株单枞茶（古茶树）以其独特“一株一品一香味”的纯天然花蜜香味而著称。“好山好水出好茶”，奇山秀水孕育了此地的茶作为展示自己独特神韵的载体时，就有了所谓的“茶韵”，它是大自然给人们的恩赐。形成韵是需要时间积淀的，是需要千万人共识的。也是经得起大众考究

的。茶品以“韵”闻名的不多，凤凰单枞茶则属于乌龙三韵之一，重在品其韵味，其韵重在“山韵”。何为韵？我们的体验是，茶的韵是从品饮过程反映出来的，包含品质风味和精神文化两方面。品质风味应耐人寻味，有嚼头，其内容有三：一是具有最高的品质水平层次（名茶的品质水平）；二是具有独到的品质风格，尤其是香气和滋味两个品质因子，非一般茶品所具有；三是各品质因子尤其是香气和滋味能有机地融合及互作效应，生成香中显味、味中含香、风韵独到、绕梁三日的质感。韵的精神文化属性，是品质风味的活现，在品茶过程获得。清代梁矩章《归田琐记》中的香、清、甘、活四字中的活字即指茶韵。茶韵，说大了就是中国历史和茶文化，地方风土，审美标准和个人修养的总和。茶韵除了指茶的形、色、香、味外，还指一种精神境界，是茶人多样化的心灵感受，属茶外之味。冼玉清说：烹调味尽东南美，最是工夫茶与汤。韵味主要有：一是入口及入喉的感觉，即味道的甘醇度，入喉的润滑度，回味的香甜度。好的凤凰单枞气味带有兰花香，底力十足的单枞嗅香不用闻香杯，它敢于直面人生，率性表达，底力十足，尽显茶性。汤面香由远而近细悠飘来，深呼吸香气却冲力十足，直灌丹田浸润五脏六腑，弥漫周身，开窍通灵。入口滑细，喝上三四泡之后两腮会有想流口水的冲动，舌底生津。一股生命之泉汩汩流动，回味香甜，使得我们在面对一件事物时，能够凭着敏锐的感受做出理性的判断，从香茗中感悟出生命的真谛，用淡然的心态去面对尘世间的一切纷扰，繁华过后是平淡，万事万物皆随缘，少了几分世俗的争名夺利，多了几分心灵的纯净，赋予自己超凡脱俗的真性情，尽职尽责的平常心。闭上嘴后用鼻出气可以感觉到兰花香茶的天然花香蜜韵。二是人在品茶汤之后产生的绵长余味的茶韵和空灵幽深恬淡的境界，也是茶外之味，韵外之韵。万川之月同归指，无论物质无论精神，共通的是体内所产生的那一种平和之气，有缥缈的愉悦感，真实的自在感。因为都是茶赋予的，故为茶韵。喝凤凰单枞功夫茶还要讲究“喉底”，即啜茶后，齿颊留香，舌底回甘，有一股奇妙特殊而难以言状的“山韵”。山韵一般是只有高山茶才具有的，且随品种、产地而迥异。这种独特韵味，是茶人品单枞所展现出来的神态气质或风格，是质的最高境界，表明达到同类中的最高品位或意境。品味凤凰单枞茶时须合口屏气并略作吞咽状，感到香高而绵密起来，茶汤见厚见滑，颇可咀嚼。汤水在口中层层变化，花香蜜香层层分离，到喉处只觉蜜意浓厚。咽下后，香仍在呼吸间，甘甜充盈。此刻，品饮者顿感山韵浓郁，纯粹丰满，富有强烈刺激性。饮毕闻杯，余香留底，大有“绕鼻三日不绝”之势，堪称“天、地、人”三才具备之佳茗。喝茶而能喝出山韵，是一种至高无上的享受，尽兴至善的审美，亦是喝凤凰单枞功夫茶最诱人的神妙境界。

（三）武夷岩茶品岩韵

Wuyi Mountain rock tea

1. 碧水丹山茶

“碧水丹山”是南朝作家江淹对武夷山的赞誉。武夷山“溪曲三三水，山环六六峰”，“山涌千层青翡翠，溪摇万顷碧琉璃”的风景构成一幅天然图画，如人间仙境。山内群峰竞秀，幽涧流泉，不仅有奇秀甲东南的奇异山水，且气候宜茶。其夏无酷暑，冬无严寒，雨量充沛，春潮夏湿、秋爽冬润，溪流不断，云雾迷漫的特征，为茶树的生长提供了得天独厚的自然环境，孕育了声名远扬的中国十大名茶之一——武夷岩茶。

工艺精湛　2010 年 9 月 28 日，中国政府正式向联合国教科文组织提交我国新一轮“人类非物质遗产代表作名录”申报材料，以武夷岩茶（大红袍）制作技艺为代表的“中国乌龙茶武夷岩茶的制作方法”名列其中。它兼取红、绿茶的制作原理之精华，是制作工序最多、工艺技术要求最高、最复杂的茶类。主要工序为采青—萎凋—做青—揉捻—烘焙—拣剔等。加上特殊的技术措施，使之岩韵更加醇厚。

岩韵特征　所谓的“岩韵”即武夷岩茶具有独特的神奇韵味。是指生长在武夷山丹霞地貌内的乌龙茶优良品种、经武夷岩茶传统栽培制作工艺加工而形成的茶叶香气和滋味。以上定义说明：“岩韵”是武夷岩茶独有的特征；“岩韵”的有无取决于茶树生长环境；“岩韵”的强弱还受到茶树品种、栽培管理和制作工艺的影响。同等条件下不同的茶树品种，岩韵强弱不同；非岩茶制作工艺加工则体现不出岩韵；精制焙火是提升岩韵的重要工序。“孕灵滋雨露，钟秀自山川”，自古名山产名茶。正是岩茶“臻山川精英秀气所钟”，我们才能“品具岩骨花香之胜”。它独具一格的“岩骨花香”之岩韵，令人为之神往。

品质优异　岩茶的代表，“大红袍”、“铁罗汉”、“白鸡冠”、“水金龟”、“武夷水仙”、“武夷奇种”、“武夷肉桂”等都是武夷岩茶中的精品，其中又以大红袍最为知名。大红袍，外形弯曲，条索紧结，色泽乌褐，叶底呈绿叶红镶边，汤色橙黄、清澈明亮。香气带花果香型，天然花香细、幽、长，瑞则浓长、清则幽远，或似兰花香、桂花香、水蜜桃香、乳香，等等。滋味醇厚甘爽，使人心旷神怡，回味无穷，香秀而清，味醇而厚，久存不坏，既有红茶之香艳，又有绿茶之清香，具有提神、益思、清心、明目、减肥、防病、防癌，以及释燥平矜、怡情养性之功效，是天然的保健饮料。古诗云："鲜明香色凝云液，清澈神情驱病魔"。难怪国际友人曾赞叹武夷岩茶为"万物之甘露，神奇之药物"。

所以岩茶一是界定了生长范围（在武夷山市内），二是此范围内自然环境独特，三是武夷岩茶是个总称，包含了多个品种。滋味、香气不同。"岩韵"是武夷岩茶共有的独特风格。

2. 母子壶泡法

泡岩茶讲究母子壶泡。其步骤如下：

精心备具　泡饮武夷茶最佳的用具，首推发茶性佳、传热性高的紫砂壶或白色瓷质盖杯。需要备具的器皿有：母子壶（两把口阔能使茶叶出入自由的紫砂小壶。母壶也叫泡壶，子壶也叫海壶）、品茗杯（挂釉的紫砂或白瓷杯）、闻香杯、茶盘及鲜花、香炉、木道等辅助具。

冲泡技巧　一则联语说，好水沸水快出水，气香茶香杯底香，

它总结出冲泡岩茶的窍门。冲泡步骤是：一温壶。先用开水烫母子壶、品茗杯、闻香杯。二置茶。把水倒干，将适量的茶叶（壶的1/5或1/4、1/3）放入壶内并用初沸水悬壶高冲，洗茶后再注甘露。一泡20秒，二泡30秒，三泡40秒，四泡55秒，五泡1分钟，第六至第七泡时长1.5分钟，第八泡时长2分钟。好的大红袍九泡不失其真味。这里每次的冲泡时间只是一个大概数，主要根据实际茶量多少或品饮者对茶量浓淡的喜好而判断。喝淡者茶量可放少些或泡时缩短。岩茶耐泡，从第一泡至第八泡汤色几乎一致。汤色为深橙黄色。三刮沫。刮去浮在壶口上的泡沫并快速淋壶称为重洗仙颜，再次烫杯后静静候汤。四注汤。把母壶中泡好的茶汤注入子壶也叫母子相哺。五点茶。把茶汤倒入闻香杯，用品茗杯倒扣在闻香杯上连同闻香杯翻转过来也叫龙凤吉祥。六闻香。把闻香杯从品茗杯中慢慢提起在品茗杯上轻转圈（顺时针），不能发出声响。闻香杯在手中拂摇后深闻其热香冷香。七品饮。分三口细品慢饮茶汤，使茶汤在口中充分滚动回旋将其饮入，香气细香幽远，滋味醇厚，岩韵明显，回甘爽快。武夷茶艺的程序有二十七道，合三九之道。为便于表演简化为十八道，即焚香静气、叶嘉酬宾、活煮山泉、孟臣沐霖、乌龙入宫、悬壶高冲、春风拂面、重洗仙颜、若琛出浴、玉液回壶、关公巡城、韩信点兵、三龙护鼎、鉴赏三色、喜闻幽香、初品奇茗、游龙戏水、尽杯谢茶。

静心回味　品岩茶不但要“心闲手敏功夫细”，而且要在整个过程中领悟口鼻生香、喉润生津、周身舒坦的感觉。品饮之后，您将会感到心旷神怡的愉悦和艺术美的享受。其实，生活之美，在于我们以一颗稚善的心去静心感受，就如同这杯岩茶，得到的不仅是解渴养生的生理需要，更是愉悦、积极、平和的心态。

3. 岩骨花香韵

岩骨花香　安溪茶“以香而取味”，岩茶“重味以求香。”品岩茶首推“岩韵”，讲究“香、清、甘、活”和“喉韵”、“嘴底”、“杯底香”等体味享受。优质武夷岩茶着重“岩韵”，就是“品具岩骨花香之胜”中所指的“岩骨”，俗称“岩石味”。它给人一种特别醇而厚的味感，能长留舌本（口腔），回味持久深长。岩骨花香中的“花香”并不是像花茶那样加花窨制而成的香，而是特有的加工工艺中自然形成的花香，不同品种有不同的花香。

岩茶“三味”　品岩茶讲究“三味”，且三中有三。一是本味、气味、意味。本味即“岩骨”，气味即“花香”。“意味”就是爱茶人“得此佳茗，夫复何求”的满足感。二是武夷山岩茶的精、气、神。精即“岩骨”，气即“花香”，神即“火功”。三是重品三泡。一泡：重点放在茶叶上。茶叶是否醇厚，是否有较明显的青涩味或杂味异味。水色是否清澈艳丽。茶汤是否橙黄或深橙黄色，是否三层分明。表面以“金圈”者为优。二泡：闻其香，香要清纯无杂气而幽香为佳；品其味，徐徐入口，茶汤吞下喉后，口腔似有物留下，较原来有沉香的感觉。领略水香与闻香是否一致。三泡：重点在体味“韵”字上下功夫。

茶汤在口腔中是否有鲜爽感，是否有一种天然韵味，是否在喉头有润滑爽口之快感，将茶汤吞下时有滑溜而下喉之柔感，茶汤与人体是否有十足的亲和感。武夷岩茶十分讲究“岩骨”，表现为喉韵口感，杯底香。口饮岩茶是一种精神感应，高层次的文化享受。

品茗六法 武夷岩茶品茗有六法。

眼观：一观茶叶外形特征、色泽、整碎度、均匀度及干茶香。好的岩茶外形应条索紧结重实，叶端褶皱扭曲，色泽油润，叶被起蛙皮状砂粒，俗称“蛤蟆背”，不带梗朴，不断碎。二观汤色，好的岩茶冲泡后汤色清澈明亮，呈橙红色。三观叶底。泡开的茶片放在清水碗中，看其粗嫩度以及是否“绿叶红镶边”，好的岩茶叶底肥厚柔软，叶面黄亮，叶缘为红边。

耳听：一是听揉一茶条细碎声感知干湿度。二是听泉静心。泡茶要用初沸水，绝活是活煮甘泉靠耳听判断“鱼眼生”。

鼻闻：武夷岩茶一般注重三泡品。第一泡，闻岩茶香气的高低、长短、强弱、清浊以及火候。好的武夷岩茶茶香清锐细长，无异味。香型有花果香（清香型）和蜜香（火功型）两种。第二泡，闻茶的香型。好的岩茶具有独特的香型，包括水蜜桃香、桂皮香、兰花香、奶油香等。第三泡，闻茶香的持久程度。喝完之后，会发觉呼吸之间，会有香气在口中徘徊，舒适快感的持久性，特优者饭前饮茶饭后尚有余味。

舌尝：也叫尝滋味。口含茶汤有芬芳馥郁之气冲鼻而出，饮后有齿颊留芳之感。一尝火功：看是“足火”或是“老火”、“生青”，有无苦、涩感。二尝滋味：茶汤的滋味是否鲜爽，好的岩茶，岩韵显，

味醇厚，具有爽口回甘特征，茶底肥厚，啜之有骨，持久不衰，所谓“舌本常留甘尽日”的感觉。三尝岩韵：品岩韵是武夷岩茶的特色。岩韵有物理评审标准，更是只可意会，不可言传，只有自己用心去体悟。

身受：岩茶滋味醇厚，内涵丰富，几乎涵盖六大基茶的特点，并有其特殊的“岩韵”。茶树品种特征能从滋味中体现，香气或高或长，香型多样化。嗅其香，有闻干茶香、水香、汤面香、盖香、热香、冷香、杯底香、叶底香，等等，并反复几次。尝味时须将茶汤与口腔和舌头的各部位充分接触，并重复几次，细细感觉茶汤的醇厚度及各种特征，综合判断茶叶的特征和品位。勤加练习闻茶香，品茶味，熟能生巧，一闻一品就知道其茶种的制法及焙火度。有纯与不纯、锐短与悠长、青与熟、重与飘等区别，味有浓淡厚薄、韵的显露程度和持久性长短之分。

意感：“抚长剑，一扬眉，清水白石何历历”的感觉是酒；“宠辱不惊，任庭前花开花落；去留无意，望天上云卷云舒”的感觉是茶。有茶联道：茶亦醉人何必酒，书能香我无须花。武夷岩茶的品啜艺术有人总结为“五美”：自然清静的环境美、清轻甘活的水质美、巧夺天工器之美、高雅温馨的气氛美、妙趣横生的茶艺美。无论是茶艺“四要”还是茶道“六要”， 把喝茶满足生理需求的活动上升为精神活动，

使品茗审美化、精神化、艺术化，追求一种高雅脱俗、悠然自得的境界，从而获得精神享受，这些都能使人意感：“疏香好齿有余味，更觉鹤心通杳冥。”

四、冬饮红茶

Drinking black tea in winter

（一）一壶红茶暖三冬

1. 概说红茶

General introduction of black tea

“三红”品质　红茶创制时称为“乌茶”。因它的干茶色泽与冲泡的茶汤以红色为主调，故称为红茶。以适宜制作红茶的茶树新芽叶为原料，经萎凋、揉捻、发酵、干燥等典型工艺过程精制而成。从而形成了红茶香甜味醇的“三红”（红汤红叶红底）品质特征。红茶按照其加工的方法与出品的茶形，主要分为三大类：小

种红茶、功夫红茶和红碎茶。工夫红茶是中国特有的红茶。其“功夫”两字有三重含义，一指技艺，二指时间，三指感觉。种茶制茶得下功

夫，泡茶冲茶要好功夫，品茶饮茶得有闲功夫，好功夫与闲功夫的组合，使品饮功夫茶顿生雅趣。最能表现“三红”品质的是正山小种、祁门功夫、滇红功夫。小种红茶产自福建省，正山小种口味讲究的是“松烟香，桂圆汤”；产于安徽省西南部的祁门红茶简称祁红，加工严格，外形紧细匀整，锋苗秀丽，色泽乌润；内质清芳带有蜜糖香味，上品茶更具有兰花香，号称祁门香，馥郁持久，汤色红艳明亮，滋味甘鲜醇厚，曾贵为英国皇室的饮品，蜚声中外，又称“王子茶”；产于云南的滇红功夫，金丝滇红金芽显，全部选春天的芽头，茶色金黄，条形完整，橙红色汤挂杯留香，口感浓郁、果香爽鲜。

独特功效　红茶可养人体阳气，含有丰富的蛋白质，生热暖腹，增强人体的抗寒能力。中医认为：“时届寒冬，万物生机闭藏，人的机体生理活动处于抑制状态，养身之道，贵乎御寒保暖。”它温中驱寒，化痰消食，宜脾胃虚弱者饮用。因而冬天喝茶以选红茶为上。日本大阪市立大学实验指出，饮用红茶一小时后，测得经心脏的血管血流速度改善，证实红茶有较强的防治心梗和骨质疏松症效用。红茶还具有提神消疲、利尿、消炎、杀菌、防蛀、去油腻、延缓衰老、降血糖、降血压、降血脂、抗癌、抗辐射且有美容等功效。这么多的养生效果只需要用一杯红茶就能轻松达到，难怪红茶会成为追求健康的时尚人士的必需品。

2. 冲泡技巧

Brewing skills

清饮工夫泡　红茶茶具以白瓷和紫砂为首选，以功夫饮法为主，流程有：①备具：在优美和谐轻音乐中备好茶具。若用紫砂壶需搭配玻璃公道杯，利于观汤色。②赏茶：观看干茶叶的外形特征。③温壶：泡茶前先用开水把壶和茶杯里外滚烫一下。④置茶：把茶叶投入茶壶（溶水量约 150 毫升）内，用茶量 3—5 克左右。⑤洗茶：回旋手法将沸水注入壶中，使茶叶和水充分融合，便于茶叶的色、香、味、形充分发挥，并快速倒掉洗茶水。⑥冲茶：高冲低泡可使茶汁快速渗出；⑦调汤：这是冲泡红茶的技巧之一 ，将茶汤先倒入一品茗杯观汤色后再均匀斟汤入品茗杯中。⑧奉茶：把冲泡好的茶汤敬给客人。⑨品饮：闻香细品。闻香、观色、品啜。

调饮“百媚生”　20 年前读《傲慢与偏见》时的一个细节至今犹记。达西对伊丽莎白最初倾心的那个场合是在下午茶会，他在享用香醇的红茶搭配精美的糕点的优雅瞬间，看到了一个和其他贵族女士不同的

灵魂——高贵而典雅。这是被红茶文化浸润出来的唯美。红茶属全发酵茶类，饮用广泛。应该是最受博爱的了，中西方都有它的很多铁杆粉丝，它不仅色艳味醇，而且收敛性差、调和性好，性情温和、广交能容。人们常以红茶调饮出风情万种的各式茶品。果与红茶搭配，冲泡出果味红茶。乡情水果茶、柠檬果茶，甜橙果茶，蓝莓果茶……因为口感酸中带甜，人们常用缠绵悱恻的爱情故事来形容它，赋予了果味茶浪漫多情“百媚生”的风貌，也成了男女美好爱情的代言者。常用的果品有小金橘、橄榄、松子、核桃仁、红枣、龙眼、荔枝、杏仁等；浪漫的花果茶，也有实际的药效。苹果茶可以帮助消化，柠檬果则美容养颜，蓝莓果是养颜的大师。若加入蜂蜜或糖调味饮用，味道更加可口，是兼具美味、保健、休闲的生活伙伴；花与红茶搭配冲泡出花样红茶，一般用四季常开的能食用的鲜花如玫瑰、月季、紫罗兰等，搭配的花不同，滋味、色泽也就大相径庭，不过走向自然健康的目的却是完全一致。蔬菜与红茶搭配泡出鲜爽红茶，如芹汁红茶；现在是冬季就可以在红茶里面放入去皮切碎的生姜或者姜汁，加入适量的红糖或蜂蜜就成了温冬爽品生姜红茶了；冰和饮料与红茶搭配冲泡出泡沫红茶；菊花、薄荷、苦瓜、牛蒡、大麦、芦荟等与红茶搭配就是名副其实的营养保健的养生茗茶。你无论有怎样的想象力和创造性，你对生活有多高的热情和品位，红茶都是你的红颜知己。

3. 品饮方法

Drinking skills

世界各国饮茶者以饮红茶的占多数，饮法各有不同。以使用的茶具来分，可分为杯饮法和壶饮法。各类功夫红茶、小种红茶用紫砂壶或盖瓯，袋泡和速溶红茶大多采用杯饮法；各类红碎茶及红茶片、末等，采用壶泡法。以茶汤的调味与否又可分为“清饮法”和“调饮法”两种。我国绝大多数地方饮红茶采用“清饮法”。欧美一些国家一般采用“调饮法”。人们爱饮牛奶红茶。饮法是将红茶放入壶中，用沸水冲泡洗后，浸泡5分钟左右，再把茶汤倾入茶杯中，加入适量的糖和牛奶或乳酪，就成为一杯芳香宜人滑润可口的牛奶红茶。如阿富汗乡村就有喝奶茶的习惯，这种茶的风味有点像中国蒙古族的咸奶茶，就是在奶茶里加上适量的盐即可。像“下午茶”就积聚了英国茶文化的精华。在苏联，人们特别爱饮柠檬红茶和糖茶。饮茶时常把茶烧得滚烫，加上糖、蜂蜜和柠檬片。

清饮功夫品　即在茶汤中不加任何调味品，使茶叶发挥固有的香味。品饮功夫红茶重在领略它的甜香、醇味以及诱人透心的红色。清饮首先得功夫泡，然后默赏细嗅静品，需要饮茶人在“品”字上下功夫，缓缓斟饮，细细品啜，在徐徐体味和欣赏之中，吃出红茶特有的醇味，领会饮茶真趣，欢愉、轻快、舒畅之情油然而生，使自己超然自得，获得精神上的升华，进入一种忘我的精神境界。

“花式”浪漫喝　各少数民族地区人喜好在泡好的茶汤中加入糖、牛奶、芝麻、松子仁等，所加调料的种类和数量，随饮用者的口味而异。常见的花式调饮法是在红茶茶汤中加入糖、牛奶、柠檬片、咖啡、蜂蜜或香槟酒等，别具风味。现代创意的茶

酒是颇受人们青睐的新饮法，冲泡时会有赏心悦目的乐趣。在茶汤中加入各种美酒，形成茶酒饮料，再配以杯饰成为当今中西合璧的全世界的红茶流行语，是我们中国式鸡尾酒。如红茶和咖啡搭配演绎“红与黑”的经典，既衬托咖啡特有之风味，又能迅速扩散，使芳香的咖啡和红茶倍增香醇。这种饮料酒精度低，不伤脾胃，茶味酒香，酬宾宴客，尤为时尚。加味茶的典雅情怀，在于它又香又醇的口味。阳光灿烂的午后，佐以精美可口的小点心，喝上一杯馨香无比的加味茶，享受下午茶的精致风味与悠闲情趣，不失为舒缓情绪的好方法。它的创制也将每一个人的潜能发挥到极致，生活的幸福源于快乐的心情。

现代快速饮　主要是针对红碎茶、袋泡红茶而言，并在其中加入牛奶或砂糖。适合生活节奏快的现代上班族。但营养与情趣远远低于功夫泡和花式饮。

唐代著名诗人司空图说：“景物诗人见即夸，岂怜高韵说红茶。牡丹枉用三春力，开得方知不是花。”红茶的高韵让人感到无论将它与花、与果、与茶怎么调配，总是君子相交“和而不同”，积极入世却坚守本性。我们时时调饮总是迸发出创造美好生活的激情和享受生活的美好，常常嗅着它在纷乱嘈杂的尘世间固守人性的净洁，每每端起它总有一种与中华民族坚韧不屈的民族气节相吻合的敬重感，更有一种从容不迫地融入全球化的时代感。

五、气象万千的普洱茶

Rich tastes of Pu'er tea

普洱茶冲泡之前，最好将紧压茶拨开后暴露在空气中两星期左右，

让它透气、回性，使茶之原味慢慢呈现。采取功夫泡时，需备山泉水、紫砂壶、品饮杯、茶刀，用茶量约为茶壶的五分之一。紧压茶如砖、饼、沱茶的冲泡时间短些，普洱散茶略长。初沸水高冲后要快速洗茶、润茶，唤醒茶叶。浸泡时间与茶叶用量、水温、茶叶粗嫩和松紧有关。这样才能把普洱“三通一平”的作用全部发挥，通即为通气道（呼吸系统）、通血道（循环系统）、通谷道（排泄系统）。平即为人体三道常通，体内机能自然平衡。普洱茶滋味香气融合度极佳，滋味醇、陈、顺、润，带着些清爽与灵动，香气优雅带着些飘逸，给人圆融和合之感。普洱茶的生命意义在于历史沉淀，在于变化无常，在于细腻的情感体悟。

形　首先看茶叶的条形是否完整、紧结和清晰。形状匀整端正；棱角整齐，不缺边少角；横纹清晰；洒面均匀，包心不外露；厚薄一致，松紧适度为上；兼看茶面色泽和净度。二、须是以云南省一定区域内的大叶种晒青毛茶为原料，经过后发酵加工成的散茶和紧压茶。并在本地加工，才能保证普洱茶的长期变化。普洱茶是公认的一种有生命的茶，就像茅台、五粮液一样，不能离开独特的原产地资源。它分散

茶和紧茶两种，且有“生”、“熟”之分。散茶外形条索粗壮、重实，色泽褐红。紧茶由散茶蒸压而成，外形端正匀整，松紧适度，并按各自形状而各具其名，如有长方形的“砖茶”、正方形的“方茶”、圆饼形的“饼茶”等。饮后令人口角噙香，回味无穷，而且茶性温和，有较好的药理作用。

色　主要看汤色的深浅和透亮度。普洱茶的茶汤色泽和质地因茶叶的产地、制作工艺、用料、储藏环境、陈化年限等不同而呈现出不同的变化。优质的云南普洱茶汤呈红浓明亮，俗称“猪肝色”，具“金圈”，汤面看起来有油形的膜，熟普叶底呈现褐红色。汤色常有五种，即宝石红、玛瑙红、琥珀红、泛青黄、褐黑。红浓剔透是高品质普洱茶的汤色，黄、橙色过浅或深暗为不正常。质次的茶汤红而不浓，欠明亮、有悬浮物、发黑发乌，俗称“酱油汤”。优质的生普，色泽橙黄、清亮透明，仿佛被一层油膜包裹，久泡其色不变。普洱茶以茶汤晶莹亮丽、颜色多变而著称。人们常常把云南普洱茶的汤色比喻为“陈红酒”、“琥珀”、“石榴红”、“宝石红”，等等。观色已成为普洱茶艺中的一道独特风景。观汤既是审美也是评价茶质好坏的重要环节。

香　香气是茶叶的灵魂。变换的香气是普洱茶永恒的魅力。熟普带有的云南大叶茶种的独特香型即陈香显著，还有枣香、木香等含蓄丰富；热嗅香气浓郁，且纯正；冷嗅香气悠长，有一种很甜爽的味道。质次的则香气低，有的夹杂酸、馊味、铁锈水味或其他杂味。生普香气高雅悠长。主要香气有荷香、兰香、樟香、参香、梅香等。无论哪种香都是一种令人感到舒服的气味，这些气味有时显现在茶的某一泡之中，有时相伴而来，在口鼻之间，香气缭绕不散，令人心向神往，将人带入飘飘然的境地，随着茶汤的流淌化为自己的心香。如有霉味、酸味等则为不正常。开汤后主要采取热嗅和冷嗅，品饮须趁热闻香，举杯鼻前，此时即可感受陈味芳香如泉涌般扑鼻而来，冷嗅绵长无限，其高雅沁心之感，不在幽兰清菊之下。有茶香开窍，能开启人与大自然的相通之门；有茶香引路，你会一直走到心灵的家园。

味　主要是从“三感两润一省”来判断。三感：滑口感、回甘感和润喉感。普洱茶汤的滋味主要特征是甘甜、滑润、厚重。甘甜就是茶汤入口要有明显的回甜味，刺激舌面、两颊、舌底不断地生津；滑润是茶汤要柔顺滑润、滋味醇正、清爽平和，刺激性不强，毫不阻滞地从口腔流向喉咙和胃部，没有叮、刺、挂、麻的感觉；厚重是指茶汤浓稠而不淡薄，入口后味觉香浓而不寡淡。两润：要领略普洱茶的真味，一是要大口将茶汤入口，稍停片刻，细细感受茶的醇度；茶汤刚入口略感苦涩，待茶汤于喉舌间略作停留时，即可感受茶汤穿透牙缝、沁渗齿龈，并由舌根产生甘津送回舌面，此时满口芳香，甘露“生津”。二是要滚动舌头（称为赤龙搅海），使茶汤来来回回到口腔中的每一个部位，浸润所有的味蕾（不同部位的味蕾感觉出的茶汤的滋味通常是不相同的），体会普洱茶的润滑和甘厚；尤其是入喉时精细处可领悟普洱茶的顺柔和陈韵，令人神清气爽，持久不散不渴，此乃品茗之最佳感受——回韵。醇厚陈年普洱茶汤是柔滑的，柔滑的汤茶让人心神安适。茶汤柔滑之极，便可达到“化”的境界。一省：茶虽不语，韵自省人。如清·乾隆皇帝在《冬夜煎茶》诗中说：细啜慢饮心自省。静下心来仔细体味普洱茶的味道，只有这样，才可能借助这一小杯茶，嗅到山野大地的气息，聆听“味觉的音乐”，重温一段缓慢而又温暖的时光，并在冲泡和品饮普洱茶那快慢有致的过程中，重新获得一种远离俗世的愉悦心情。细啜慢饮可让人从中体会到什么是生活的从容与安宁，什么是世界的和谐与和平。充满了“缓慢”特征的普洱茶代表的是一种人生态度。

普洱茶是“可以喝的古董”。是“活的有机体”。其主要特点在于茶体完成后，所持续进行的“后发酵作用”（或称后熟作用、陈化作用），随着时间的延长，它的风味转换越趋稳定内敛，不同时期的茶体所拥有的风味皆不尽相同，无时无刻不在转化进程中。这也是品茶者、藏茶者某种程度地参与了“茶叶的制作与完成”，这是与其他茶类不同的特质。也是普洱茶成为我国各种茶类中唯一讲究“气”的茶类的物质基础；老子阐述宇宙整体性，采用具象概念，如认为天地万物本原于水、于气……万物负阴而抱阳，冲气以为和等论述成为普洱茶“气”的哲学基础。任何一种茶，只要种植栽培、加工符合自然规律，即“道法自然”，就一定会有“气”，并且都是处于动态的变化过程中，这个“气”看不见摸不着，也是一种“意”。同一种茶，每一年喝都不一样，一天中的不同时候喝也不同就是“气”，需要每个人自己去仔细观照。“气”是不同体质的人对茶的不同体感反应。普洱茶气呈现足、厚、正、陈的特点。优质的普洱茶有“四气”：一是香气，丰富多变的香气让普洱茶多了几分神秘色彩。二是生气，普洱茶的后发酵过程让人更加体悟它是有生命的茶。三是韵气，气和韵

是紧密相连的，有了气韵，茶就有了活性，气韵流动处就是茶韵处。普洱茶的陈韵曾陶醉了无数茶人。四是正气，普洱茶“灵品独标奇，茶性和且正”，不偏不倚暖胃和中。茶气无色无味无形，一切饮者自知。它使我们的品饮方式别有一番情趣，茶汤的内涵更为丰富深邃。自然让人产生大美至趣的享受。

六、一壶知趣——茶博士泡茶结束语

Conclusion of Dr.Tea
——Understanding the real life from tea-drinking

顺四季，随茶缘，无有时的“茶博士泡茶”专栏在春风杨柳万千条中告一段落。或誉或毁或无言，世间万味一瓯中。专栏敬奉的茶汤之所以明亮清爽，是因为茶文化开辟专栏在《安康日报》属首次，茶香之所以清香绵长，是因为有《安康日报》胡佛、琚勇、昌勇、一兵的和谐调制，茶味之所以醇厚浓郁是因为有众多读者共同品鉴，众心同缘。怡获正知，可谓独饮为神，对饮有趣，众饮合慧，一切适然。

“博士”一词源于战国时代。“博士”是一种官名，负责传授经学。《史记》：“公信休者，鲁博士也，以高第为鲁相。”《汉书》：“博士，秦官，掌通古今。”后来，“博士”也用来指那些精于某种技艺的人。“茶博士”其实是煎茶、煮茶、沏茶、泡茶的师傅。“茶博士”一词始于唐代《封氏闻见录》：“茶罢，命奴子取钱三十文酬茶博士。”自古以来，茶博士是茶艺学的实践者。我们在茶馆里，尤其是在茶博会上仍然可以领略到他们的风采。特别是在四川茶馆里，你只要一坐下，就会有茶博士跟来，拎着晶亮的长嘴铜壶，将手中的白瓷盖碗“扑”的一声摆到你面前，提壶从一尺多高处往茶碗里汩汩冲茶（又叫白鸽翻身）。那不滴不溅的功夫，真让人拍案叫绝。再呈上茶汤，如饮甘露，雅趣横生，一切怡然。

现代社会物质极大丰富，诱惑四面八方，人心空前浮躁，功利化的社会角色人人争相扮演，于是似乎一切人事只要贴上“头衔”的标签，那就是成功。人们的思维落入比钢筋水泥还要坚固的定式中，在两极的对峙中煎熬着脆弱的心灵，喝茶也成了喝包装喝价钱，做人也成了做功名做利禄，专栏的智慧正好弥补了社会转型期现代人的不足，敲碎观念的僵固，以开放的心态，用茶汤润心，平矜释燥，妙合自然、超凡脱俗。我们在淡中有浓、浓中有淡的泡茶过程中，抱朴含真，协调活火真水、精茶妙器、人品佳境，在宁静淡泊、淳朴率直中寻求高远的意境和“壶中真趣”，使人心向善，天人合一。既领略情趣又知趣进退，在追求事业辉煌的同时也能兼爱精神的愉悦；在增加财富和名誉的同时也能关怀心灵的健康成长；在提高个人价值的同时也能促进社会的和谐。真正实现物质与精神，个人与社会，自然与人类共生共荣。于是饮茶、品茶、悟茶三位一体，和合一如，一切本然。

附录

appendix

No worries out of ordinary

不烦不凡

听禅茶讲座一得

Understand the meaning of life from drinking tea

禅是什么？也许这不是一个问题，也许这是一个不是问题，也许这是一个不是问题的问题，也许这是一个没有标准答案的问题，也许这是一个无从回答的问题。五年前偶翻佛书，见日本道元禅师感悟："眼横鼻直"，日本茶道鼻祖珠光的感悟："柳绿花红"，大笑不已。眼睛是横着长，鼻子是竖着长，这是什么话？三岁小孩知也。当满腹经纶"拨落尘缘，栖心禅悦"的吴言生教授在凤凰卫视名栏"世纪大

讲坛”从容说禅时，我渐入悟境。正如明奘法师曰：三岁小孩易知道，八十老翁行不来。

一、美丽的梦想禅
Beautiful dream of Chan buddhism

禅是佛教里最美丽的，“至深至彻至明至圆通”，“求智求觉求醒求悟”。它所描绘的世间是一个至善至美的真法界，所关怀的是超越可见世界以外的存在，不是理性而是依赖信仰和直视。同时也超越感性，沟通有限，升华于无限。

禅者的眼里“日日是好日，时时是好时，人人是佛种”。禅心在你我心灵之中，有待于我们共同发掘。禅与时代契合，它是两难中的难，两极中的无极；有序生活握不住，无序生活偶成遇。排列组合五千年文化却无从界定，入境、开悟，一点包罗大千世界：它无处不在处处不在，使每一个人都能达到古今一贯而终极生活——圆融人生。禅对于先知先觉者来说，是一种切切实实的生命境界，而对于迷失的现代人来说，禅是一个美丽的梦想。

二、平常生活道
Ordinary life is a real one

“人生若不悟禅道，难透生老病死关。”“道，行之而成。”我们是时时刻刻在红尘中奔忙的人，但又无时不在相融于世界本体中，与一切圣贤同思维同境界，而这些只不过是人们于一切能自我通达。

看来一无所得，其实已经融入。“众生觉悟即是佛，诸佛在迷乃众生。”

（一）平常是福

Ordinary is a blessing

不平常总是在平常中涌现。幸福，不在于对非常之物的占有；悲伤，并非只是物质上的贫乏。幸福是有限的，因为上帝的赐予本来就有限；痛苦是有限的，因为人自己承受痛苦的能力有限。在病人眼里，健康是福，在受难者眼里，平安是福。人心固重难而轻易，舍近求远，其实成功的人很可能痛苦，也可能富有而贫乏。成功与快乐的结合，必然是在心灵能够正确明智地观察和对待日常生活时，才得以实现。

有学僧问赵州和尚：“你多大？”和尚答：“一串数珠数不尽。”又问：“和尚承嗣什么人？”答：“从谂禅师。”又突然问：“赵州和尚说什么法？”答：“盐贵米贱。”一个禅者在盐贵米贱中发现人类心灵的终极解脱，能安住在琐碎中宁静致远。看来，所有的大事，都是由小事构成的。“了不起”就是“起不了”的小事堆积而成。禅并没有离开平凡琐屑的生活细节，伟大的文明也是构筑在具体的小事之中。平常心是福。

（二）力尽心安

Do the best one could

每个人都有美好的愿望，但并不一定好梦成真。悟出终极的真意之后，就会在生命的过程中专心致志做事。应该把自己化成亿万微粒分子，融入所处的任何时空。向自己学习，达到时时是我，片片是我，无论好、坏、顺、逆，缺陷即是完美，都要珍视地去品尝。

后唐保福禅师将要辞世，对大众交代："我世缘时限快到了。"门徒纷说："师父法体仍安"、"弟子还需师父指导"，等等。一弟子说："师父是去？还是留住？"禅师："你说呢？"弟子："生也好，死也好，一切随缘任之。"禅师嘴角泛出一丝微笑："我心里话，被你偷听去了。"笑着说完，即圆寂。

生死随缘，何况做事呢？所以我们不妨将今天视为生命最后一天，竭尽心力让生命发光。

（三）消除烦恼

Elimination of worries

在生活中，我们接受了多少自己不愿意接受的东西！我们的心灵意识到生活中的诸多不如意，意识到多少难看的脸色，它们拥挤在我们的心灵中，在现实中客观地存在和发生着。我们要远离痛苦烦恼，让生命创造和更新，那就要"请进来，出得去"。

一学僧向洛浦禅师辞行，想去别处参学。禅师："此处四面呈山，你要往何处去？"学僧无言。禅师："十天内答出，就请便。"学僧日夜思索，百思无解。善静禅师耳语："竹密不妨流水过，山高岂碍白云飞！"怎么出得去？借"云水之道"抒心中不安。"心包太虚，量周法界。"我们每个人都将当天的事情当日了，把所有的不快都消化于无形，保持一颗平常心，尽现我们面前的将是本真的无忧无虑。

三、真实生命境

Real life feeling

（一）自性

Personality by self-cultivation

刚到师大时，整天担忧，整夜失眠。功课、工作、家事处理得不尽如人意。怎么办？我苦思冥想，犹如拔草并未除根，结果仍是“春风吹又生”，无济于事。

师问：“如何是佛？”童竖起拇指。师以刀断其指，童叫唤出走。师问：“如何是佛？”童举手不见指头，豁然大悟。佛没有老大，就是人自心。康德说：“自然秩序就是客观理性。”

人有六根，六根之主正是我们的心，谓之心王。通常理解为心在何方？总是抓住思想意识这些心王的“扬尘”不放，以为这就是心。不如改变方法，与其控制思想，不如沟通心灵，直接与心灵交流，直指人心，见性成佛，妙用无碍，自性真如。

（二）心性

Nature of human beings

一念心起，功业已在。一滴水中有无尽的时空，一念中产生无限的事业。

佛陀在灵山会上，手拿一颗摩尼珠，问四方天王：“你们看一看，这颗珠子是什么颜色？”四方天王：“青”、“黄”、“赤”、“白”

不同颜色。佛陀收回珠子再问："我手中这颗珠子什么颜色？"天王："你手上无珠呀！"佛陀："我把世俗珠子给你们看，你们能分别颜色，但真正的宝珠在你们内心，你们却视而不见。"天王若有所悟。当一个人的心志不能舒展，情绪受压抑时，心泉的活水被阻塞不通，或抗拒生命的挑战或逃避现实。只有认真聆听自己内心的声音，平凡一点，

人心的真貌便是恬淡、平静、融和。“染净在心，何关形迹。”拆下心底那堵墙，无偏爱无偏憎，你便会觉得释然。人心有一音乐叫天籁，细细欣赏才是真天乐。

（三）见性

Restoration of the original state of life

有人急切地问：“我想学禅，可以吗？”禅师：“禅没有这一说。”“那怎么学？”“用你自己的心灵去证实。”

佛陀最后离开世界时告诫后人：“不要依赖。求人不如求己。”禅若不能切入生活便毫无意义。一切学问，运用之妙，在于一心。成功的本领在心不在经。知识靠学得，智慧靠证得。富有活力的禅，以其对个体生命智慧的尊重和体悟，为生命开拓了新的境界。

那么在现实生活中，我们若能体证禅，就不会太过执著，能在平常中超越。我们不仅用禅唤醒自己，还要回馈社会。如灯塔，照亮别人温暖自己。

佛说：“云水随缘”。

吴言生教授说：“让我们一起回归于我们白云之性，明月之性，高山流水之性，回归于纤尘不染的生命源头。”

这是不凡。

安康茶怀让禅

Tea-drinking

绿茶是远古时的良药佳食，是“原子时代” 最好的饮料。安康人饮绿茶由来已久。

在无味至味的绿茶汤中安康人总会品悟到南岳怀让(677—744)禅。世称七祖。他是金州人（今陕西省安康市人），俗姓杜。15 岁时，到荆州玉泉寺依恒景律师出家，学习律藏典籍。怀让“厌离文字，思会宗元，周法界以冥搜，指曹溪而遐举”。怀让强调文字语言在表述禅境体验方面的局限性。能够集中体现怀让独特的禅学思想，能够反映其学禅经历和传禅事迹的著名公案有三个：其一，“说似一物即不中”，是怀让和慧能之间的问答；其二，“磨砖作镜”，是怀让与弟子道一之间的言行录；其三，“法眼见道”，是怀让和道一之间的问答。记载怀让事迹的各种禅典籍和僧传大都提到这三个公案，它们共同构成了怀让禅学的主要内容。当我们捧一杯茶香缕缕上升如云蒸霞蔚的绿茶，趁热嗅闻茶汤香气，令人心旷神怡；观察茶汤颜色，或黄绿碧清，或

乳白微绿，或淡绿微黄……阳光洒进杯中，可见到汤中有细细茸毫沉浮游动，闪闪发光，星斑点点，杯面根根向阳，摇曳多姿映出“磨砖作镜”的茶境。马祖道一在南岳坐禅，怀让禅师知道他是法器，于是就到他那里问：大德坐禅图什么？道一说：图作佛。怀让禅师就拿一块砖头，在他面前石头上磨，道一问：磨作什么？怀让禅师说：磨作镜，道一问：磨砖岂能作镜？怀让禅师说：磨砖不能作镜，坐禅又岂能成佛。道一问：那应该怎么办？怀让禅师说：如牛驾车，假如车不驶，打车，还是应该打牛。同样的，你学坐禅，希望成佛，可是禅非坐卧，佛无定相，于无住法，不应取舍，因为如果执于坐相，不仅不能通达禅，永远也不能成佛。

品茗参禅修道实为一事，心不能有所住，品茗心静无碍，参禅修道心无所住。即“其心无住，其行则进”。《坛经》说：此门坐禅，既不著心，也不著净，也不是不动。如果提倡著心，可是心本来是虚妄的，知道了心的幻妄，有什么好著呢？倘若主张著净，人的自性本来清净，因为妄想覆盖真如，才显得不清净，你现在起净著相，这本身就是一种妄想，是会障碍本性的。如六祖接引怀让禅师因缘中，怀让禅师礼祖，六祖问：“何处来？”怀让曰：“嵩山。”祖问：“什么物凭么来？”怀让曰：“说似一物即不中。”六祖问：“还可修证否？”怀让曰：“修证即不无，染污

即不得。”六祖说：“就是这个不染污的东西，诸佛之所护念汝（即如是，我也如是）。”公案明了修道就是要保持一颗不染污的心。历来寺院崇尚饮茶、种茶的同时，将佛家清规、饮茶读经与佛学哲理、人生观念融为一体，“茶佛不分家”、“茶禅一体”、“茶禅一味”由此产生。茶与佛有相通之道，均在主体感受，非深味而不可。饮茶需心平气静，讲究井然有序地啜饮，以求环境与心境的宁静、清净、安逸。品茶是参禅的前奏，参禅是品茶的目的，二位一体，水乳交融。茶禅共同追求的是精神境界的提纯和升华。茶事过程中，如碾茶时的轻拉慢推，煮茶时的“三沸水”，悬壶高冲的功夫泡，凤凰三点头的观赏泡，啜饮时观色、闻香、回味、品韵，都包含了体味领悟自然的大法，生命的真谛，并以此领悟佛性、人性和超凡脱俗的意韵。唐代著名的“赵州吃茶去”禅宗公案，正是茶禅一味的表现。说的是河北赵州有一禅寺，寺中一高僧名从谂禅师人称 “赵州”，问新到僧：“曾到此间乎？”答：“曾到。”赵州说：“吃茶去！”又问一僧，答：“不曾到。”赵州又说：“吃茶去！”后院主问：“为何到也‘吃茶去’，不曾到也‘吃茶去’？”赵州又说：“吃茶去。”赵州对三个不同者均以“吃茶去”作答，正是反映茶道与禅心的默契，其意在消除世人的妄想，不外觅而向内，即所谓“佛法但平常，莫作奇特想”，不论来或没来过，或者相识或者不相识，只要真心真意地以平常心在一起“吃茶”，就可进入“茶禅一味”的境界。正所谓：“唯是平常心，方能得清心境；唯是清净心境，方可自悟禅机”。 茶是“形而下”的东西，伊藤古鉴在《茶和禅》书开宗明义地将茶道提升到“形而上”的精神高度：“要想通达茶道的奥义，大致没有十年、二十年的修行是不行的。”茶道不仅仅是喝茶，真正的茶人必须苦心修行，和“茶事融为一体，由此

来体悟茶事”，进而达到“茶禅同一味”的境界，领会“和敬清寂”的茶道精神。茶禅是文化之缩影，“一沙一世界，一叶一如来”。茶禅又是文化之泉源，儒家以茶规范仪礼道德；佛家以茶思惟悟道；道家以茶羽化登仙，艺术家以茶书画诗文；评鉴家以茶审美鉴赏；社会学家以茶构建和谐社会。茶使人类精湛思想与完美艺术得以萌发创造。

茶要常饮，禅要常参，性要常养，身要常修。让我们端起安康茶，捧出具有世界名片效应的怀让禅，相约“吃茶去”。

休闲文化兴起需要茶艺

Leisure life needs the tea culture

品饮安康富硒绿茶让安康越来越快地走进春天。秦巴风情、汉水神韵、金州美食、绿色安康是我们的主题，文化、文明是安康人的终极目标。人们生活家园的美好，心灵家园的宁静是实现这一目标的基础。旅游是其重头戏，文化是旅游的灵魂，旅游文化是休闲文化系统的重要组成。休闲文化兴起需要茶艺。茶艺在休闲文化兴起中成为实现这一目标的有效载体。

一、政策支持促成

Policies promotes tea arts

随着消费时代的到来，从 1995 年 5 月起，我国实行双休日，1999 年又推行一年中三个长假，去年又增加休传统节日的假期，加之公务员带薪公休假，教师寒暑假等假日制度，现在我们已有法定假日 114 天，这意味着人的三分之一时间在闲暇中度过。实践证明，“假日经济”对社会主义市场经济的繁荣功不可没。十六届六中全会明确，构建社会主义和谐社会的内容增加了“社会建设”，胡锦涛在省部级领导干部和谐能力建设讲话中分析和谐社会提出的思想基础之一是中国优秀的传统文化，并大力号召弘扬优秀传统文化，培育民族精神。十七大报告提出要建立中华民族共有的精神家园。继承民族优秀文化传统，始终保持中华文化的民族性是每一位炎黄子孙的义务。茶文化是中国优秀传统文化的优秀代表。不仅要继承更要发扬光大。

二、茶艺功能形成

The formation of tea arts function

茶文化提升人类休闲品质。

中国茶的重要作用能用来“养性、联谊、示礼、传情、育德，直到陶冶情操，美化生活” 。茶之所以能适应各种阶层，众多场合，是因为茶德，茶的情操，茶的本性符合中华民族平凡实在，和诚相处，

重情好客，勤俭育德，尊老爱幼的民族精神。茶艺的社会功能突出表现为“以茶雅心，以茶敬客，以茶行道”。唐代刘贞亮在《茶十德》中将饮茶的功德归纳为十项：以茶散郁气，以茶驱睡气，以茶养生气，以茶除病气，以茶利礼仁，以茶表敬意，以茶尝滋味，以茶养身体，以茶可行道，以茶可雅志。我们认为，茶除了有益人们健康，促进茶业经济发展，弘扬传统文化，提升休闲文化品质外，又能陶冶个人情操、协调人际关系、契合自然大道、净化社会风气、促进和谐社会建设。如范增平先生在《茶艺文化再出发》中所说：“探讨茶艺知识，以善化人心。体验茶艺生活，以净化社会。研究茶艺美学，以美化社会，发扬茶艺精神，以文化世界。”茶的这些功德品德决定着茶艺的流程、茶道的构成。

茶艺茶道是茶文化的重要组成。中国茶艺西晋萌芽，唐代提升，宋代进一步人文精化，明清早期的发掘中兴以后，便由鼎盛走向终极衰落，代之而起的是继承扬弃的现代茶艺。现代茶艺是直接对我国传统茶艺的继承和发展，除了茶具方面不断创新以外，在茶艺的人文内核方面也有变化。为了适应现代生活节奏，闲适雅致的情调有所降低，快速变化的成分增加了。速溶茶、冰茶、液体茶的出现，更是对传统茶道“和敬清寂”

意蕴的一种挑战。但事物总是在对立中寻求统一，在变化中寻找发展。现代都市生活的快节奏和竞争的氛围，又从另一方面刺激人们去追求安雅闲适的田园生活，向往“和敬清寂”的人生环境。传统茶道恰好适应了人们这一心理需求。茶艺体现茶道精神，茶艺是茶道的载体，茶道是茶艺的灵魂，是在茶艺操作过程中体现的，是人们在品茗活动中一种高品位的精神追求，是指导茶艺活动的最高原则。在休闲时代，人们走进现代茶艺馆，并不是只为了解渴，也不仅仅是为了保健的需要，更多是为了一种文化上满足，是高品位的文化休闲，可以说是一种高档次的文化消费。毕竟喝茶和品茶不是一回事，品茶也和浸润于茶道之中，接受茶文化的人文滋润还有一定的距离。要更好地享受这种人文关怀，浸润于这种文化的滋养，首先要对传统茶文化有一定的了解和理解，掌握它的要领和精神，才会有醍醐灌顶的会通和潜移默化的效应。中国茶道精神的核心就是“和”。作为中国文化意识集中体现的“和”，主要包括：和敬、和清、和寂、和廉、和静、和俭、和美、和爱、和气、中和、和谐、宽和、和顺、和勉、和合（和谐同心、调和、顺利）、和光（才华内蕴，不露锋芒）、和衷（恭敬、和善）、和平、和易、和乐（和谐安乐、协和乐音）、和缓、和谨、和煦、和霁、和售（公开买卖）、和羹（水火相反而成羹，可否相成而为和）、和戎（古代谓汉族与少数民族结盟友好）、交和（两军相对）、和胜（病愈）、和成（饮食适中）等意义。正如陈香白在《中国茶文化》中说，“在所有的汉字中，再也找不到一个比‘和’更能突出‘中国茶道’内核，涵盖中国茶文化精神的字眼了。”茶艺茶道是茶文化的重要内容，茶艺茶道无疑是和谐社会建设的重要内容和有效载体。发掘茶艺功能使安康的山水充满智慧和灵气，文化底蕴更加厚实。

三、休闲文化现象生成
The formation of leisure phenomenon

早在 20 年前，西方未来学家们就极有预见地指出，当人类迈向 21 世纪的时候，其社会结构、生活结构和生存方式也将发生重大变革，由此引发休闲经济、休闲产业、休闲文化活跃于社会生活中。现在休闲作为一种新的社会文化现象正对人们的经济生活、社会结构等产生深刻影响。马克思说：休闲是不被直接生产劳动所吸收的时间，它包括个人受教育的时间，发展智力的时间，履行社会职能的时间，进行社会活动的时间，自由运用体力和智力的时间。与之相适应，给所有人腾出时间、创造手段，个人会在艺术、科学等方面得到发展。休闲学研究者马惠娣女士说：休闲实际上除了恢复自己的体力之外，还有一种更高的、精神的、心理的、文化的需求。

我们是一个非常讲究休闲的民族，五千年的文明历史，孕育了中华民族独特的休闲观。人类文化的传承，常以休闲形式为载体。休闲文化的繁荣与一个民族的创造力往往密不可分。从中西文化对比看，西方的休闲观侧重“动”。如在英文中 recreation 这个词是合成词，“re”是前缀，有“不断、反复”的意思，“creation”是“创造”。不断地“动”，才能不断地创造，创造依赖于“动”。它喻示人通过休闲放松身心来获取自己的一种精神解放。而中国人的休闲观则主张“静”，特别强调“淡泊明志，宁静致远”，并在动静结合中“吾日三省吾身”契合大道。按《说文解字》的说法，“闲”从“门”，从“木”。门中加木是要阻止不受欢迎的东西进入家门，要想休闲首先就必须把有碍休闲的一切事物和心态挡在门外。“休”是人倚木而谓休，讲究人

与自然的和谐关系。“闲”通“娴”，表示思想的宁静，所以它强调的都是自我内心的平和。这样的价值观一直强烈地影响到我们今天，至今很多人最好的休闲方式仍是喝茶、读书。已有哲人认为，人类的文化多样性就起源于休息的多样性。休息具有人类文化的普遍性。它是人类与天地的古老约定。

美国的经验值得我们参考。1998 年，美国联邦教育局就将休闲教育列为高中教育一条“中心原则”：“每个人都应该享有时间去培养他个人和社会的兴趣。如果被合理地使用，那么，这种闲暇将会重新扩大他的创造力量，并进一步丰富其生活，从而使他能更好地履行自己的职责。”我国目前提倡的休闲教育，就是对人的休闲行为的选择和价值的判断能力的培养。通过教育来提高人们判断能力，选择和评估休闲价值的能力。休闲教育的内容很广泛，有的表现为智力、玩的能力，有的表现对美的欣赏能力，还有就是价值观判断能力、心理承受能力、社会交往能力等。茶艺教育的诸多特点，无疑在客观和主观都对休闲教育起到良好推动作用。因为泡茶和品茶传递一个理念：闲是一种品位，人非有品不能闲，不仅外觅，更向内求。所有的生命的确可以在尽职尽责之后完全本真地绽放属于自己的光彩——只为工作活着和只为玩儿活着一样不堪忍受，而享受休闲的审美和享受事业的成就一样令人开怀。

参考文献

程启坤：《中国绿茶》，广东旅游出版社 2005 年版。

吴言生：《禅宗诗歌境界》，中华书局 2001 年版。

王玲：《中国茶文化》，九州出版社 2009 年版。

张松如：《老子说解》，齐鲁书社 1998 年版。

林治：《茶道养生》，地图出版社 2006 年版。

丁以寿：《中华茶道》，安徽教育出版社 2007 年版。

蔡荣章：《茶道入门 —— 泡茶篇》，中华书局 2007 年版。

赵英立：《中国茶艺全程学习指南》，化学工业出版社 2008 年版。